AF296788

CHEMIN DE FER

DE SÉVILLE A JEREZ

ET DE PUERTO-REAL A CADIX

ENTREPRISE DE KERVÉGUEN

EXTRAIT DE LA CORRESPONDANCE

ÉCHANGÉE

ENTRE LA COMPAGNIE ET L'ENTREPRISE

V

ENTREPRISE DE KERVÉGUEN

EXTRAIT DE LA CORRESPONDANCE

ÉCHANGÉE

ENTRE LA COMPAGNIE ET L'ENTREPRISE

MOIS D'OCTOBRE 1858.

1. Le 15 octobre 1858, M. Lartigue, chef de section de l'Entreprise à Utrera, écrit à M. Trilhe, ingénieur principal de la Compagnie, en le priant d'envoyer des traverses de joint à Jerez, sans quoi il sera obligé de suspendre la pose de la voie.

2. Le 16, M. Trilhe lui répond qu'il vient d'écrire à Madrid pour demander ces traverses de joint, et qu'il espère les voir arriver bientôt.

MOIS DE NOVEMBRE 1858.

3. Le 4 novembre, M. Dephieux demande à M. Trilhe si les terrains sont libres aux abords de Séville, à l'emplacement du pont de 6^m, et à l'emplacement des remblais à faire au delà du pont de Guadaira, car l'entreprise a des employés en trop qu'elle occuperait à ce travail.

4. Le 7, M. Dephieux réclame à M. Trilhe une copie du profil en long de la section de Séville à Jerez pour qu'il puisse suivre avec connaissance de cause les travaux de cette ligne.

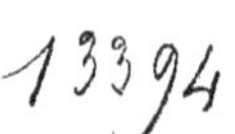

1

5. Le même jour, M. Dephieux expose à M. Gauckler que M. de Kervéguen le presse de prendre possession des travaux de Cadix ; que M. Lacaze voudrait céder le mur de quai en même temps que les terrassements de la tranchée, à quoi il a répondu qu'il s'en chargerait d'autant plus volontiers qu'il a amené de France un personnel nombreux qu'il lui faut utiliser ; que du reste M. Lacaze va écrire à lui, M. Gauckler, à ce sujet, et que par conséquent il le prie de répondre le plus tôt possible à M. Lacaze.

6. Le 10, M. Dephieux s'adresse de nouveau à M. Gauckler, le priant de faire activer autant que possible la solution de différentes questions qui retardent la livraison à l'entreprise des terrains aux abords de San-Fernando, de ceux aux abords de Séville, et de ceux de la tranchée de la Pintada, par laquelle on sera forcé d'arrêter la pose de la voie ; enfin, il le prévient que l'entreprise se trouve dans la nécessité de lui faire des réserves de fait et de droit pour les retards apportés à la livraison de ces terrains.

7. Le 14, M. de Kervéguen écrit à M. Numa Guilhou, administrateur et représentant de la Compagnie à Paris, la lettre suivante : « J'ai l'honneur de recourir à votre « bienveillante et puissante intervention, pour vous prier de faire cesser au plus tôt « l'état de choses actuel en Espagne, qui est fort dommageable à mes intérêts.

« Par traité du 10 juillet 1858, signé entre nous, je suis exclusivement chargé de « terminer tous les travaux du chemin de fer de Séville à Cadix, moyennant certaines « conditions financières fort onéreuses, et l'obligation de livrer le chemin, en entier, « à la fin de l'année 1859. Par l'art. 4 de ce même traité, la Compagnie s'engage for- « mellement à ne mettre aucune entrave à mes travaux. Or, voici ce qui se passe.

« MM. Lacaze et Trilhe, ingénieurs de la Compagnie, malgré les termes formels de « mon traité avec vous, ont persisté à vouloir retenir les grands travaux de Cadix et « de Séville pour le compte particulier de la Compagnie. J'ai réclamé près de vous, « et vous avez écrit à M. Gauckler, ingénieur en chef de la Compagnie à Madrid, de « nous faire livrer de suite tous les chantiers de la Compagnie sans aucune distinction. « — Ce chef supérieur a aussitôt donné des ordres en conséquence. — Alors « MM. Lacaze et Trilhe ont officieusement réclamé près de M. Dephieux, mon ingénieur « et mon représentant en Espagne, un délai qui devait prendre fin le 3 novembre cou- « rant, pour la remise définitive desdits chantiers.

« M. Dephieux, pour complaire jusqu'au bout à ces messieurs, a accédé à leurs dé- « sirs, désirs qui sont funestes à mes intérêts et à ceux de la Compagnie. — Aujour- « d'hui je reçois de M. Dephieux une lettre datée de Cadix le 3 novembre, et qui me « mande que MM. Lacaze et Trilhe ne veulent aucunement livrer lesdits chantiers de « Cadix et de Séville qui constituent à eux seuls les deux tiers de l'importance de mon « entreprise. Bien plus, ces messieurs font travailler, pour le compte de la Compagnie, « au prix de 0 fr. 75 le mètre cube de déblai, pour fouille et charge, alors que mon « traité m'oblige à le faire au taux réduit de 0 fr. 60 le mètre cube.

« Il résulte de cette situation intolérable, qu'à part quelques chantiers éloignés, peu « importants et onéreux, dont ces messieurs ne veulent pas, je n'ai presque rien à faire.

« — Or, j'ai envoyé de France en Espagne, et à mes frais, 23 contre-maîtres, com-
« mis, comptables et ingénieurs, qui me coûtent 107,000 fr. d'appointements annuels,
« et qui, par le fait des agents de la Compagnie, n'ont presque pas d'emploi utile.
« Leurs salaires retombent par conséquent à ma charge, en pure perte, et voilà quatre
« mois que mon traité est signé avec vous.

« Vous comprendrez aisément, Monsieur, que la situation actuelle ne peut durer
« sans entraîner pour la Compagnie de grands dommages et intérêts en ma faveur.
« — Je me verrai contraint, à mon très-grand regret, je vous l'assure, de les réclamer
« à la Compagnie, et par la présente lettre je fais toutes réserves de droit pour les ob-
« stacles que m'apportent depuis quatre mois ses ingénieurs et agents.

« Je me plais à espérer de votre parfaite obligeance que vous donnerez de suite des
« ordres en Espagne, même télégraphiquement, pour que l'avenir soit exempt des tri-
« bulations du passé. »

8. Le 22, M. Gauckler écrit à M. Dephieux : « J'ai donné l'ordre de vous remettre
« les travaux de la section de Séville, etc., etc. — Vous avez eu tort d'accéder aux de-
« mandes officieuses de MM. Lacaze et Trilhe pour la suspension de l'exécution de mes
« ordres. Le Conseil vient de décider qu'un nouveau fait de ce genre entraînera le ren-
« voi de celui qui s'en sera rendu coupable. »

9. Le 25, M. Lacaze adresse à M. Déphieux la lettre suivante : « En vertu des ordres
« que je reçois de la Direction de Madrid, je vous préviens que sans attendre, comme il
« avait été formellement convenu entre nous, la solution des questions posées à
« M. l'ingénieur en chef sur l'atelier de la Punta de la Vaca, vous avez à prendre im-
« médiatement au compte de l'Entreprise les travaux de terrassements de l'atelier de la
« Punta de la Vaca. Veuillez me désigner celui qui doit vous représenter sur cet ate-
« lier, et lui donner les instructions nécessaires pour la prise en charge du matériel de
« la Compagnie qui sera affecté à ces travaux. Il aura à s'entendre, jusqu'à nouvel
« ordre, avec MM. Oudot, chef de section, et Pijonnet, conducteur des travaux, pour
« la remise du matériel et la marche du travail. Les travaux de terrassements exécu-
« tés depuis le 14 octobre, date du dernier ordre de service de M. l'ingénieur en chef,
« par le tâcheron Jamain, seront censés être exécutés par l'Entreprise et seront joints
« à votre situation, etc. etc. »

MOIS DE DÉCEMBRE 1858.

10. Le 4 décembre, M. Plagnol, employé de l'Entreprise, écrit à M. Dupin, chef de
section de la Compagnie à Séville, que l'on manque de traverses de joint; qu'il y en a
bien quelques-unes parmi celles dites intermédiaires, mais que le triage serait coûteux. Il le prie donc de prendre des mesures à ce sujet, afin que la pose ne soit pas
arrêtée.

4

11. Le 10, M. Dephieux envoie à M. Louis Guilhou, directeur gérant de la Compagnie à Madrid, copie de la lettre par lui adressée à M. Gauckler le 10 novembre, relativement aux terrains de la traversée des salines à San-Fernando, à ceux de Séville et de la Pintada, lettre demeurée sans réponse. Il réitère les réserves de l'Entreprise, pour la mettre à couvert de toute responsabilité, si elle ne livre pas en entier le chemin de fer à l'époque fixée dans le contrat, et termine en demandant un accusé de réception de sa lettre.

12. Le 14, M. Guilhou répond à M. Dephieux qu'il a reproduit, *d'une manière terminante*, l'ordre qu'il avait donné à l'ingénieur en chef de livrer à l'Entreprise tous les terrains nécessaires à l'établissement de la ligne de fer. Il espère que cet ordre sera accompli, et, dans le cas contraire, il prie M. Dephieux de lui en donner avis, afin que la Compagnie adopte les mesures nécessaires pour que ses instructions soient ponctuellement exécutées.

13. Le 15, M. Plagnol adresse à M. Trilhe les mêmes observations contenues dans sa lettre du 4 courant à M. Dupin, au sujet du manque de traverses de joint.

14. Le même jour, M. Trilhe répond à M. Plagnol qu'il n'y a pas de traverses de joint au dépôt, et que par conséquent il faut, pour ne pas arrêter la pose, prendre les plus grosses traverses intermédiaires, y faire faire l'entaille de manière à pouvoir placer la plaque de support au joint, et continuer ainsi la pose.

15. Le 26, M. Dephieux demande à M. Szczepanski, chef de section de la Compagnie à Jerez, les profils, plans et instructions nécessaires pour l'exécution des travaux de Lebrija à Jerez ; il lui demande aussi des ordres de service indiquant la marche du travail, afin d'éviter des manœuvres en tous sens, préjudiciables aux intérêts de la Compagnie et à ceux de l'Entreprise ; enfin, il le prie de lui transmettre ses instructions par écrit.

16. Le 27, M. de Kervéguen adresse à M. l'ingénieur en chef Gauckler une lettre où il lui dit entre autres choses : « Mes observations quant aux travaux à l'Entreprise « portent sur ce que, malgré mes réclamations renouvelées, nombre de chantiers « opèrent en dehors de moi, tels que ceux de la tranchée de Cadix et des abords de « Séville. La tranchée de Cadix a bien été rendue depuis peu à M. Dephieux, mais le « mur de quai résiste encore, etc., etc. Veuillez aussi avoir l'extrême bonté de « renouveler vos ordres précédents, pour que le mur de quai de Cadix, la tranchée de « la Pintada et les abords de Séville que l'on me retient, je ne sais pourquoi, depuis « quatre mois, malgré les ordres contraires qui se succèdent sans effet, soient enfin « remis à M. Dephieux, etc., etc. Il m'en coûterait au delà de toute expression de me « trouver contraint par la force d'inertie que vos agents m'opposent quelquefois en « Espagne, de faire à la Compagnie, et à contre-cœur, un procès dont je ne veux pas « plus que M. Guilhou, quoique l'issue dût m'en être toute favorable, etc., etc. »

17. Le 29, M. Periès, employé de l'Entreprise, écrit à M. Amiel, chef de section de
la Compagnie à Cadix, que l'on est presque complétement arrêté pour l'avancement
de la tranchée de San-Fernando ; que la non-remise des terrains de la marine force
l'Entreprise à désorganiser le chantier installé sur ce point, et à renvoyer beaucoup
d'ouvriers à la paie prochaine.

18. Le 30, M. Dephieux confirme à M. Szczepanski sa lettre du 26, et lui fait remarquer qu'il ne peut occuper, sur la section de Lebrija à Jerez, que soixante ouvriers environ, faute d'instructions ; il ajoute qu'il ne voudrait pas être obligé d'arrêter entièrement les travaux de cette section, mais qu'il est cependant bien décidé à ne plus rien y
faire avant de recevoir les documents et instructions nécessaires.

19. Le 31, M. Dephieux écrit à M. Lacaze que, d'après les ordres reçus de
M. de Kervéguen, il est forcé de lui demander à être mis en possession de tous les travaux
de la section de Puerto-Real à Cadix ; que M. de Kervéguen réclame l'exécution de
son contrat avec la Compagnie ; que, par conséquent, il prie M. Lacaze de lui dire si
des instructions particulières ne lui permettent pas de lui remettre tous les travaux
sans exception, auquel cas il en informerait M. de Kervéguen.

20. Le même jour, M. Lacaze répond en priant M. Dephieux de désigner clairement
quels sont, entre Puerto-Real et Cadix, les ateliers et parties de ligne dont l'entreprise
demande la possession ; il le prie également de lui dire s'il se conforme entièrement à
l'ordre de service de M. l'ingénieur en chef, en date du 18 août 1858, qui règle d'une
manière générale les prises de possession et continuation des ouvrages par l'entreprise,
ou de lui signaler les points sur lesquels il diffère, afin d'éviter les mésintelligences et
arriver à cette harmonie tant utile à la bonne marche des travaux.

21. Le même jour aussi, M. Dephieux réplique à M. Lacaze qu'il ne pensait pas que
sa lettre relative à la remise des travaux à l'Entreprise pût être sujette à interprétation ;
mais que, puisque M. Lacaze le désire, il lui désigne nominativement les chantiers
dont il demande la remise, tels que le mur de quai de Cadix, le pont de service de la
baie, en un mot, tous les travaux autres que la fourniture du matériel fixe et roulant. Il
joint à sa lettre une copie de l'art. 1er du contrat, pour lui rappeler ce qui est du ressort
de l'Entreprise, et le prie de lui transmettre une copie *officielle* de l'ordre de service de
M. l'ingénieur en chef, en date du 18 août, dont il n'a eu connaissance qu'acciden_
tellement et d'une manière officieuse, afin qu'il puisse présenter ses observations s'il y a
lieu, car il n'a jamais pensé que cet ordre de service pût être un obstacle à l'exécution des
conventions faites entre la Compagnie et M. de Kervéguen ; enfin, il lui dit que son plus
vif désir est de vivre en bonne harmonie avec les agents de la Compagnie.

MOIS DE JANVIER 1859.

22. Le 1ᵉʳ janvier 1859, M. Lacaze répond que l'Entreprise paiera, à l'avenir, les dépenses du mur de quai de la Punta de la Vaca et du pont de service ; que l'atelier de construction de la première section du mur, commencée et presque finie, sur une longueur de 420 ᵐ, sera, jusqu'à nouvel ordre, sous la direction de M. Pijonnet, conducteur de la Compagnie ; que les approvisionnements déjà faits suffiront pour cela, et qu'il n'y aura qu'à tenir attachement contradictoire de la main-d'œuvre ; qu'au sujet de la participation de l'entreprise aux dépenses antérieures, il va demander des instructions à M. l'ingénieur en chef qui décidera, et, dès qu'il aura une réponse, il s'empressera de la communiquer à M. Dephieux.

23. Le 3 janvier, M. Dephieux confirme à M. Szczepanski ses lettres des 26 et 30 décembre réclamant les profils, plans et instructions nécessaires pour l'exécution des travaux.

24. Le même jour, M. Dephieux, dans une note remise à M. Trillhe, le prie de faire faire le piquetage de la voie, car on fait la pose de la voie, et l'on ne peut différer le tracé de l'axe ; il demande si ce travail doit être fait par les employés de la Compagnie ou par ceux de l'Entreprise. Il réclame promptement trois ou quatre changements de voie, et qu'on lui désigne l'emplacement des passages à niveau ; qu'on pose des barrières aux abords de ces passages pour assurer la libre circulation des machines ; qu'on achète des briques pour les ouvrages d'art ; qu'on construise un hangar pour y remiser les machines et y déposer le matériel ; que l'on traite avec le propriétaire du terrain pour la sablière ; que l'on fasse faire des puits pour les maisons de garde ; qu'on invite M. Szczepanski à mettre en état les waggons à ballast que l'Entreprise ne peut prendre en charge qu'après avoir été réparés ; que l'on construise des guérites pour les cantonniers ; enfin, que l'on construise les chemins latéraux, car la voie est envahie par les passants.

25. Le 4, M. Louis Guilhou, directeur gérant de la Compagnie à Madrid, écrit à M. Dephieux ce qui suit : «J'ai eu connaissance, par différentes voies, des réclamations « réitérées que vous adressez aux agents de la Compagnie pour qu'on vous fasse la « remise de tous les travaux de construction. La Compagnie que j'ai l'honneur de « diriger a accompli, pour sa part, le traité passé avec M. de Kervéguen, et vous « savez aussi bien que moi que si, sur quelques points, la remise des travaux n'a pas « eu lieu, cela tient aux empêchements apportés par le gouvernement. Par consé- « quent, si le but que vous vous proposez dans vos demandes est de mettre à couvert «la responsabilité de M. de Kervéguen en ce qui touche le délai fixé dans le contrat «pour l'achèvement des travaux, vous pouvez vous éviter de nouvelles démarches, « parce que la Compagnie tiendra compte, comme il est naturel, du temps qui, contre

« sa volonté et celle de M. de Kervéguen, sera employé à la solution des questions
« pendantes devant le gouvernement. Veuillez me dire si cette réponse est conforme
« à l'esprit qui a dicté vos lettres, ou bien me faire connaître d'une manière explicite
« l'objet de vos réclamations réitérées. »

26. Le 8, M. Periès adresse à M. Lacaze l'estimation de la huerta de M. Solès,
s'élevant à 10,034 réaux ; il lui annonce que le lendemain les ouvriers seront en
pleine huerta, et que l'expert désigné par lui est M. Madariaga.

27. Le 10, M. Dephieux réclame à M. Lacaze le projet définitif du pont de Santi-
Petri et les instructions y relatives, afin de pouvoir commencer les approvisionnements ;
le profil en long définitif de la section de Cadix à Puerto-Real ; enfin le dessin du
pont de service et celui du mur de quai de la Punta de la Vaca.

28. Le 15, M. Dephieux écrit à M. Guilhou de Madrid qu'il n'est pas encore en
possession de la Pintada, des terrains pour les carrières à ballast, de ceux aux abords
de Séville, et des terrains et documents pour la traversée des salines à San-Fernando ;
qu'on lui a remis depuis quelques jours seulement les travaux des abords de Cadix ; que
pour le mur de quai de la baie de Cadix, l'Entreprise, d'après les instructions de M. Lacaze, solde toutes les dépenses, mais qu'elle n'a pu encore obtenir ni des documents ni
des instructions pour prendre l'initiative de ce travail qui marche avec une lenteur déplorable ; que cet état de choses est très-préjudiciable aux intérêts de l'Entreprise qui a un
nombreux personnel lui coûtant fort cher et qu'elle ne peut utiliser ; qu'en conséquence,
il prie M. le directeur de donner des ordres pour que l'Entreprise soit au plus tôt mise
en possession de tous les terrains, travaux et documents nécessaires.

29. Le 19, M. Déphieux expose à M. l'ingénieur en chef Gauckler que, pour la
tranchée de la Pintada, il a pris des mesures pour que ce travail soit poussé avec le plus
d'activité possible, mais que, pour les autres parties de la ligne, il lui est impossible d'y
mettre plus d'ouvriers qu'il y en a en ce moment, car on est arrêté sur plusieurs points,
faute de types et d'instructions pour construire des ouvrages d'art qui devraient l'être
depuis longtemps ; il désigne plusieurs aqueducs dont les types lui manquent totalement, et le prie de donner des ordres à ses ingénieurs pour que les documents qui lui
font défaut lui soient fournis d'une manière prompte et complète ; il se plaint du peu
de concours que lui prêtent les agents de la Compagnie, notamment M. Szczepanski dont
il lui est impossible d'obtenir aucune instruction ; il lui signale la nécessité de modifier, pour le ballastage, les portières des waggons, modification déjà arrêtée en principe,
mais qu'il faudrait exécuter promptement ; enfin, il lui dit qu'il est à peu près en mesure de commencer le ballastage sur la section de Jerez, mais qu'il ne pourra utiliser
le sable que la Compagnie a fait extraire, parce que les propriétaires s'opposent à ce
qu'on l'enlève, et que, par conséquent, il est urgent de presser l'expropriation des terrains où se trouve cette carrière.

30. Le même jour, M. Dephieux expose à M. Gauckler les difficultés qui existent pour l'exécution des remblais des marais, et lui propose de faire ce travail au waggon et à la machine, au moyen des déblais et cavaliers des tranchées, et à des prix spéciaux qu'il détaille dans sa lettre.

31. Le 21, M. Dephieux renouvelle à M. Gauckler le même exposé qu'il lui a fait dans sa lettre ci-dessus du 19; il dit que 'lui et ses agents sont constamment à réclamer tous les documents qui leur manquent, et qu'ils ne marchent qu'à l'aventure ; il lui fait connaître que M. Trilhe lui a remis un profil en long tout différent de celui qu'il tient de M. Szczepanski; qu'il est, par conséquent, forcé de demander lequel des deux est exact, d'autant plus que celui de M. Szczepanski n'est pas signé ; que la pose de la voie est faite sur 14 kilomètres de longueur avec des pentes et des rampes toutes différentes de celles qu'indique M. Trilhe ; que, malgré cela, il n'arrêtera pas la pose, car il a le plus vif désir de marcher aussi rapidement que possible; enfin, il ajoute, quant au défaut de plans et types, que ce n'est pas à l'Entreprise à prendre l'initiative en pareil cas, à moins que M. Gauckler ne l'y autorise.

32. Le 25, M. Gauckler répond à M. Dephieux qu'il vérifie tous les faits qu'il lui a signalés, et qu'il peut être certain qu'il fera le possible pour lever les difficultés.

33. Le 29, M. Dephieux annonce à M. Gauckler que le matériel de pose de la voie va bientôt manquer sur la ligne de Séville à Jerez ; qu'il en reste environ pour une quinzaine de jours ; il le prie donc de donner des ordres pour que l'on ne soit pas arrêté par cet incident ; il ajoute que l'on est en voie de marcher avec toute la célérité possible, et que, partant de chaque extrémité, on arrivera à souder la ligne dans le courant de mai prochain, si l'on n'est pas en défaut de matériel de pose, dont il y en a une assez grande quantité approvisionnée à Jerez et à Cadix que l'on pourrait utiliser ; enfin, il lui dit qu'il arrive journellement à Cadix des traverses qu'il faudrait faire diriger aussitôt sur Séville ; qu'il en a déjà parlé à M. Lacaze, lequel attend des ordres de lui, M. Gauckler, à ce sujet.

34. Le 31, M. Dephieux écrit à M. Trilhe que, pour exécuter son ordre de service concernant la pose de la voie définitive, il lui faut des instructions quant à l'emplacement des changements et croisements, à leurs dispositions diverses, etc.; qu'il y a déjà 40 kilomètres de voie posée sans changements et croisements ; il l'informe qu'il a reçu avis de M. Tourneux qu'on n'enverra pas de traverses ni de rails avant la fin de mars ; il lui demande par conséquent s'il est d'avis de faire transporter à Séville une partie des rails approvisionnés à Jerez, ainsi qu'une partie des traverses que l'on débarque à Cadix ; dans le cas où il ne serait pas de cet avis, M. Dephieux ferait ralentir la pose de la voie ; il désire savoir si les difficultés pour la sablière sont levées, car il est grandement temps de commencer le ballastage, après six mois de perdus ; enfin il lui fait observer

que depuis trois mois il ne marche qu'à l'aventure, faute des documents nécessaires qu'il a réclamés depuis longtemps avec insistance et même avec importunité.

35. Le même jour, M. Dephieux informe M. Gauckler qu'il a reçu avis de M. Tourneux, ingénieur conseil de la Compagnie, qu'on ne lui enverra plus de traverses avant la fin du mois de mars ; il le prie donc de donner des ordres pour que toutes celles qui se trouvent en rade à Cadix soient immédiatement dirigées sur Séville ; il lui confirme ce qu'il lui a déjà écrit, c'est-à-dire qu'on va manquer de matériel de pose à Séville, où il y en a pour quinze jours à peine, et ajoute qu'il serait urgent d'y faire transporter des rails du Trocadero ou de Jerez, sans quoi il ne pourra pas tenir la promesse qu'il lui a faite de souder la voie dans les premiers jours de mai ; il lui demande s'il doit ralentir la pose de la voie, ou si des mesures seront prises pour éviter ce ralentissement ; enfin, il lui annonce avoir écrit à M. Trilhe pour qu'il hâtât la solution de l'affaire de la sablière à Séville, car le ballastage est bien en retard, tandis que la pose de la voie s'étendra dans dix ou douze jours jusqu'à Utrera, ce qui représente un parcours assez considérable.

MOIS DE FÉVRIER 1859.

36. Le 1er février, M. Trilhe répond à M. Dephieux que s'il n'a pas prescrit jusqu'ici la pose des changements et croisements de voie, c'est parce qu'ils n'étaient pas encore arrivés ; qu'il n'a reçu aucun avis de M. Tourneux, et que les renseignements qu'il a lui font supposer qu'il y a quelque malentendu ; qu'il ne peut prendre sur lui de changer les dépôts du matériel, avant d'avoir reçu une réponse aux demandes faites par lui-même ; que M. Gauckler fait toutes les démarches possibles pour activer l'expropriation de la sablière, mais qu'il ne peut s'empêcher de remplir les formalités prescrites par les lois ; qu'il reconnaît l'urgence de commencer le ballastage, mais que l'Entreprise n'a été en mesure de le commencer que depuis les derniers jours de décembre ; qu'enfin, il ne sait pas qu'on ait trouvé M. Dephieux importun en réclamant des renseignements, et qu'il ne doit jamais craindre de l'importuner, surtout pour affaires de service.

37. Le 3, M. Periès annonce à M. Lacaze que moyennant 10,000 réaux on peut disposer de la maisonnette, du mur de clôture et du puits de Guzman, près la Glorieta, à San-Fernando.

38. Le 6, M. Periès communique à M. Lacaze l'estimation et la convention faite avec Arastigui pour le terrain de la huerta appartenant à ce dernier, et dont le prix est de 2,200 réaux.

39. Le 14, M. Trilhe adresse à M. Dephieux la lettre suivante : « J'ai l'honneur de

« vous prévenir que les conditions qui furent arrêtées entre nous, et consignées dans ma
« lettre à M. Gauckler en date du 7 février, dont je vous ai donné connaissance et à la-
« quelle vous avez donné votre adhésion verbale, sont acceptées par la Compagnie.
« Prenez donc vos mesures pour faire, dans le plus bref délai, les remblais qui se trou-
« vent dans un rayon de 4 kilomètres du centre de la tranchée de Caolina, et dans un
« rayon de 6 kilomètres du milieu des tranchées de Quincena et Socolin, au moyen des
« machines et waggons, et au moyen des terres ou cavaliers de ces tranchées, si cela
« était nécessaire.

« Les prix sont de 2 fr. 76 c. pour les remblais faits avec les terres de la tranchée de
« Caolina ; 3 fr. 01 c. pour ceux faits avec les terres de Quincena ; et 2 fr. 75 c. pour
« ceux faits avec les terres de Socolin.

« Vous aurez la liberté de faire aux mêmes prix, par les mêmes moyens et avec les
« terres venant des tranchées, tous les remblais que vous désirerez faire en dehors des
« zones indiquées. »

40. Le 15, M. Periès écrit à M. Lacaze que M. Guzman a l'air de ne point vouloir
accepter l'estimation faite de son terrain le 3 courant. Il ajoute que la voie est posée
jusqu'à la clôture du jardin Guzman, et que si l'on ne traite pas avec lui et Arastigui,
on sera obligé de renvoyer à peu près tous les ouvriers. Il annonce que les aqueducs
aux piquets 109 et 130 vont être finis, et qu'il serait urgent de commencer le pont de
San-Fernando, pour conserver les ouvriers maçons.

41. Le même jour, M. Periès adresse à M. Lacaze l'acte d'acquisition des terrains
Aramandi, ainsi que l'indication des surfaces à occuper pour la station de San-
Fernando.

42. Le 16, M. Gauckler confirme à M. Dephieux la convention du 14 courant, en ces
termes : « M. Trilhe vous aura sans doute communiqué l'acceptation de vos proposi-
« tions pour les terrassements de la section de Jerez et du Barranco, etc., etc. — P. S. Le
« mètre cube de remblai dans un rayon de 6 kilomètres des tranchées de Quincena et
« Socolin, avec les terres et cavaliers de ces tranchées, sera payé à 3 fr. 01 c. pour la
« première, et à 2 fr. 75 c. pour la seconde ; le mètre cube de remblai dans un rayon de
« 4 kilomètres de la tranchée de Caolina, et avec les terres et cavaliers de cette tranchée,
« à 2 fr. 76 c. Dans des conditions semblables, en dehors des points indiqués, les mêmes
« prix vous seront payés pour la même opération. »

43. Le 17, M. Dephieux écrit à M. Trilhe que, puisqu'il désire attendre les instructions directes de M. Tourneux au sujet du matériel de la voie, il va envoyer à Jerez les
poseurs qui sont à Utrera, et suspendre entièrement la pose sur ce point, puisque le matériel manque.

44. Le 19, M. Dephieux informe M. Szczepanski que sur la section de Jerez les tra-

verses de joint manquent totalement, ce qui fait perdre aux poseurs un temps précieux, car ils sont forcés de choisir parmi celles dites intermédiaires les plus belles et les plus fortes pour les utiliser comme traverses de joint; il lui fait observer que si plus tard la Compagnie n'accepte pas ce mode de pose, l'Entreprise ne saurait en être responsable, et il fait dès à présent toutes réserves à ce sujet.

45. Le 21, M. Szczepanski répond à M. Dephieux qu'il a fait connaître depuis long-temps à M. Trilhe le manque de traverses de joint, à quoi M. Trilhe a répondu qu'on pouvait, en attendant, les remplacer en choisissant parmi celles dites intermédiaires les plus belles et les plus fortes.

46. Le 26, M. Dephieux prie M. Lacaze de lui désigner l'emplacement définitif du pont à construire par-dessus la tranchée del monte de San-Fernando, car les ouvriers sont à la veille de se trouver sans travail.

MOIS DE MARS 1859.

47. Le 1er mars, M. Dephieux s'adresse à M. Trilhe pour qu'il veuille bien faire parvenir à M. Plagnol, chef de section de l'Entreprise, les instructions nécessaires pour la construction des chemins latéraux, fossés-limites, revers d'eau, etc.

48. Le 6, M. Periès prévient M. Lacaze que la pose de la voie est faite jusqu'au passage à niveau du collége naval, et que le lendemain on s'occupera du passage de la Glorieta. Il ajoute que, pour continuer la pose, il est important de s'occuper dès à présent de l'expropriation de la huerta Piñero et du patio de Casalla; que pour l'achat de la première il va faire appeler le colon, et que pour le patio, le directeur de l'école navale désire s'entendre avec M. Lacaze.

49. Le 11, M. Periès écrit au directeur du collége naval, à San-Fernando, en le priant de l'autoriser à passer dans le patio de Casalla, pour poser la voie du côté du champ de manœuvres.

50. Le 13, M. Periès adresse à M. Lacaze le détail de l'estimation de la huerta Piñero s'élevant à 1,200 réaux, et il lui propose de payer cette somme; il le prie en même temps d'aller au plus tôt à San-Fernando signer l'acte de vente de la huerta Guzman.

51. Le 18, M. Dephieux réclame à M. Trilhe le dessin type des barrières, ainsi que le plan du pont de 22ᵐ à construire sur le Salado, et le plan du pont sur le Guadaira.

52. Le même jour, M. Trilhe se plaint à M. Dephieux d'une diminution dans le nombre des ouvriers de l'Entreprise, et du peu d'activité que celle-ci met à pousser ses travaux.

53. Le 19, M. Trilhe répond à M. Dephieux qu'il a fait un petit projet de barrière, et que si M. l'ingénieur en chef l'approuve, on pourra l'exécuter de suite ; que les projets des ponts du Guadaira et du Moron ne sont pas encore approuvés par M. l'inspecteur du gouvernement, mais qu'il espère pouvoir dans peu de jours ordonner le commencement de ces ouvrages.

54. Le même jour, M. Dephieux écrit à M. Trilhe ce qui suit :

« J'ai l'honneur de vous accuser réception de votre lettre en date du 18 courant, et de
« laquelle j'ai lieu de m'étonner. — Je ne puis pas comprendre que les agents sous vos
« ordres se plaignent, dans leurs rapports, de la diminution des ouvriers sur les chan-
« tiers, quand ce serait bien plutôt à l'Entreprise de réclamer qu'on la mette en mesure
« d'exécuter promptement les travaux qui restent à faire. — Aussi je viens vous demander
« de me désigner officiellement quels sont les points sur lesquels manquent les ouvriers, et
« où je pourrais en mettre. — Je ne suppose pas que ce puisse être au ballastage, puisque
« je n'ai pas jusqu'alors pu prendre possession des carrières de Séville ou de Jerez, né-
« cessaires à ce travail. — Ce n'est pas non plus au pont du Guadaira, ni à celui du
« Salado, dont les plans ne sont pas encore entre mes mains. Serait-ce aux aqueducs
« des marais? Vous savez vous-même que le ciment nous manque. Je ne parle pas des
« abords de Séville. — Le travail des lacunes et du rechargement des remblais est à
« peu près terminé partout. La pose se poursuit aussi activement que possible dans la
« partie de Jerez. Elle se trouve arrêtée à Utrera par suite du manque de matériel. En
« un mot, nous sommes forcés de chômer sur tous les points où se trouvent les travaux
« les plus importants, et, à vrai dire, je suis on ne peut plus surpris de vos reproches,
« puisque si nous ne marchons pas, la faute n'en est pas à moi. Je croyais même avoir
« sujet de me plaindre, et je vous priais, par ma dernière lettre, de faire accélérer la so-
« lution de toutes les questions qui nous entravent. Je vous demandais de me fournir les
« plans et les moyens d'attaquer les points qui nous retarderont. — J'ai à Séville des
« employés qui me deviennent inutiles faute de travail, car on ne peut pas considérer
« comme un travail les quelques petits fossés, revers d'eau ou règlements de talus qui
« restent à faire sur un très-petit nombre de points. Aussi, je vous prie instamment de
« me fixer sur les chantiers qui ne vous paraissent pas organisés sur un pied suffisant.
« Je m'empresserai de faire droit à vos justes demandes, etc., etc. »

55. Le 26, le capitaine général de la marine envoie copie d'une décision royale relative au passage du chemin de fer dans la propriété de la marine, sous certaines conditions y énoncées.

MOIS D'AVRIL 1859.

56. Le 1er avril, le capitaine général de la marine écrit que M. Lacaze ne s'est pas
présenté à la réunion qui avait été fixée pour traiter la question du passage de la ligne

dans la propriété de la marine. Il ajoute que si l'ouverture de la ligne subit des retards, c'est par la faute de la Compagnie qui reste dans une inaction absolue, et que sitôt que la Compagnie se fera représenter, il convoquera de nouveau la junte consultative.

57. Le 2 , M. Trilhe répond à M. Dephieux en lui signalant les points qui avaient motivé la plainte qu'il lui a adressée le 18 mars. Il ajoute que l'ingénieur en chef a fait toutes les démarches officielles nécessaires, et qu'il ne dépend pas de la Compagnie si l'Entreprise n'a pu encore faire le ballastage, les ponts du Guadaira et du Moron, etc. Il termine en l'engageant de nouveau à augmenter le nombre de ses ouvriers, afin de ne pas se trouver dans l'embarras lorsque ceux-ci déserteront les ateliers au moment des récoltes.

58. Le 5, M. Dephieux écrit à M. Lacaze que la deuxième couche du ballast sera entièrement achevée le lendemain, entre le piquet 30 et la carrière del Monte, et que dès lors on pourra commencer le relevage de la voie, mais que, pour faire ce travail, il lui faut le profil en long de la partie ballastée ; il ajoute que les travaux se trouvant paralysés sur presque tous les points à San-Fernando, on pourrait construire les deux aqueducs qui restent à faire à Puerto-Real, l'un sur le chemin de Jerez, l'autre entre les piquets 98 et 99 ; que l'on pourrait extraire de la pierre dans les carrières de Puerto-Real, mais qu'il lui est nécessaire d'avoir le type desdits aqueducs et de connaître le prix qu'on lui allouerait pour la pierre ; enfin, il le prie de donner une solution à ces questions, afin d'utiliser un temps qu'on ne peut pas employer ailleurs, et en attendant que les grands chantiers de San-Fernando puissent s'ouvrir.

59. Le 8, M. Periès adresse à M. Lacaze un croquis des abords de la station de Puerto-Real ; il lui indique les ouvrages nécessaires pour l'assainissement de cette partie, et le prie de prendre une décision sur la construction des deux aqueducs qu'il lui propose au manchon de Gallena, afin de pouvoir occuper une partie des maçons qu'il a à San-Fernando.

60. Le 10, M. Lacaze prévient M. Dephieux que toutes les difficultés avec le ministère de la marine étant levées, il peut prendre ses dispositions pour commencer sans retard les travaux d'art et de terrassement de la traversée du Santi-Petri. Il joint à sa lettre un croquis des culées de Santi-Petri, Aguila et Boca de Labé, afin que l'on plante immédiatement des pieux d'essai.

61. Le 11, M. Periès, qui avait reçu de M. Lacaze une lettre analogue à celle qui précède, fait observer à M. Dephieux que les terrains aux abords du Santi-Petri ne sont pas expropriés ; qu'on ne peut travailler aux terrassements que sur un seul point, c'est-à-dire entre les caños de Higaron et Boca de Labé, et encore faudrait-il avoir le profil définitif. Il ajoute qu'il est impossible de faire des approvisionnements pour les ouvrages d'art, attendu qu'on ne possède aucun dessin d'exécution ; qu'il va faire appro-

visionner du moellon, et installer l'aqueduc de 0^m, 50 à Puerto-Real, mais qu'il regrette de ne pas pouvoir commencer les autres travaux.

62. Le 18, M. Bousson écrit à M. Dephieux qu'il a chargé M. Lacaze de faire prendre
des attachements contradictoires du travail exécuté au chantier de la Punta de la
Vaca, assise par assise, et le prie de désigner quelqu'un pour assister à ces épreuves,
afin d'avoir les éléments nécessaires pour l'établissement des prix de revient.

63. Le 23, M. Bousson, nommé récemment par la Compagnie directeur des travaux
et de l'exploitation, écrit à M. Dephieux qu'il a donné l'ordre à M. Lacaze de livrer à
l'entreprise, dans le plus bref délai, les travaux du mur de Cadix.

64. Le 24, M. Dephieux répond à la lettre de M. Bousson du 18, en lui annonçant
qu'il a donné des instructions à M. Lafon pour qu'il se mette à la disposition de M. Lacaze, afin de faire les expériences contradictoires ordonnées pour établir un prix pour
la continuation des travaux du mur de la baie de Cadix. Il ajoute que ces expériences
ont commencé le 20, et qu'en rentrant à Cadix, il sera en mesure de lui faire des propositions; qu'il a d'ailleurs un personnel capable et suffisant pour prendre possession
de ce travail.

65. Le 28, M. Dephieux s'adresse à M. Dupin, chef de section de la Compagnie, pour
qu'il lui remette les pièces du projet du pont de Guadaira que M. Trilhe dit lui avoir
envoyées.

66. Le même jour, M. Amiel, chef de section de la Compagnie à Jerez, écrit à
M. Dephieux qu'il manque de plaques de joint et d'éclisses, et le prie, s'il y en a dans
le magasin de Cadix, d'en expédier à Jerez.

67. Le 29, M. Dephieux répond à M. Amiel que M. Lacaze veut consulter M. le directeur Bousson avant de céder des éclisses et des plaques de joint à la section de Jerez;
que l'approvisionnement du matériel de pose étant du ressort de la Compagnie, il va
écrire, lui aussi, à M. Bousson à ce sujet, et prie M. Amiel d'activer, de son côté, la solution de cette question.

MOIS DE MAI 1859.

68. Le 1er mai, M. Lacaze écrit à M. Dephieux de donner des ordres à M. Lafon,
ingénieur de l'Entreprise, pour qu'il prenne en main la direction des travaux de la Punta
de la Vaca et du mur du quai, confiés jusqu'à présent à M. Pijonnet, conducteur de la
Compagnie, lequel remettra au représentant de l'Entreprise tout le matériel du chantier,
sur inventaire préalable et prise en charge par l'entrepreneur.

69. Le 3, M. Dephieux renouvelle à M. Lacaze la demande qu'il lui avait déjà faite au sujet des éclisses et des plaques de joint, en ajoutant que M. Amiel lui a écrit que, faute de ce matériel, la pose va se trouver interrompue à Lebrija.

70. Le 4, M. Dephieux remet à M. le directeur Bousson une note relative aux travaux à exécuter et expropriations à faire, dont voici la substance.

« 1° Terrains. Compléter les expropriations de la tranchée de Cadix. Exproprier, à
« San-Fernando, la huerta de las Anclas, piquets 145 à 148 ; la saline de San-Vi-
« cente, piquets 148 à 152 ; la saline et la huerta de la Isleta, piquets 152 et 156. Les
« deux premières parcelles sont comprises entre le patio de Casalla et la berge du Santi-
« Petri, côté de San-Fernando. La saline de la Isleta est sur l'autre berge du Santi-Petri.
« Il serait urgent de préparer, le plus tôt possible, la première couche de remblai dans
« ces deux salines, car si l'on attend l'élaboration des sels, on pourra éprouver de la
« résistance à l'exécution des travaux. Pour la saline de San-Vicente, il y aurait à en-
« voyer de suite une demande écrite, accompagnée d'un plan, à l'administration des
« salines qui réside à San-Fernando. Dans ces deux salines, la première couche du
« remblai devra former un terre-plein assez large pour permettre les approvisionne-
« ments des matériaux qui doivent servir à la construction du pont du Santi-Petri.
« S'occuper, le plus tôt possible, d'acheter les terrains aux abords de Séville. Deux
« cent mille mètres de terrassements restent à faire entre les piquets 274 et 300 et la
« huerta Barbollo, travail pressant qui peut retarder la mise en exploitation. Acheter
« les terrains où doivent être pris les matériaux pour le ballastage de la voie, question
« des plus urgentes. Le ballast devrait être commencé depuis le mois de décembre.
« C'est quatre mois et demi de perdus pour l'exploitation. »

Section de Puerto-Real à Cadix.

« 2° Ouvrages d'art. Fixer l'ouverture de l'aqueduc à construire au piquet 144,
« entre la huerta de Casisa et la huerta de las Anclas. Le travail est pressé, en vue de
« l'établissement de la voie pour l'exécution du remblai aux abords du Santi-Petri, et
« pour le transport des matériaux. Arrêter les projets et les emplacements des aqueducs
« à construire dans les salines en général ; ceux de San-Vicente et de la Isleta sont
« les plus pressés. Projet des ponts du Santi-Petri, Boca de Labé et Aguila. Projet de
« deux aqueducs à construire aux abords de la station de Puerto-Real. Projet du mur
« de quai de la baie de Cadix. Urgence de construire les ponts sur rails aux piquets 3
« et 135, afin d'assurer la circulation des machines qui devront servir au transport
« des matériaux. »

« 3° Terrassements, chemins latéraux, passages a niveau. Plans relatifs à la station
« de Puerto-Real, afin de pouvoir préparer le terre-plein. Projet de passages et dis-
« tribution des chemins latéraux à construire. Instructions et plans pour les passages à
« niveau. Dessins des barrières.

« 4° Profil en long définitif. Il serait urgent de déterminer d'une manière défi-
« nitive les parties du tracé comprises entre les piquets 0 et 13, et de remettre à l'en-
« treprise le profil en long de la ligne.

Section de Séville à Jerez.

« Faire remettre à l'entreprise un profil en long officiel de toute la ligne, afin
« que les agents de l'entrepreneur ne travaillent pas plus longtemps à tâtons. Jusqu'ici
« on n'a opéré les règlements de la plate-forme et de la voie que sur des nivellements
« faits par les soins de l'entreprise. Plans, analyse de prix et instructions pour la
« construction des gares, stations, maisons de garde, clôtures, barrières pour pas-
« sages à niveau, chemins latéraux qui ne sont faits nulle part, plans et instructions
« pour l'achèvement du pont du Moron de 22^m d'ouverture, pour la construction de
« celui du Guadaira de 36^m, et de celui de Tamarguillo de 6^m, etc. »

71. Le 9, M. Dephieux écrit à M. Bousson que la Compagnie possède au dépôt de
Jerez environ 14,000^m de voie, dont il serait nécessaire de faire diriger la plus grande
quantité possible sur Séville, surtout si le service du ballastage doit commencer bientôt ; il l'informe également que les éclisses, plaques et boulons manquant totalement à Jerez, on est obligé de suspendre la pose, et qu'il lui serait reconnaissant
de faire écrire à M. Lacaze pour qu'il en cède une certaine quantité, en attendant l'arrivée du nouveau matériel.

72. Le 10, le capitaine général de la marine annonce, par deux lettres séparées, que
le gouvernement ne demande pas d'indemnité pour les terrains que doit occuper la ligne
dans le patio de Casalla, ni pour l'emplacement de la station de San-Fernando; et
que cet emplacement, de même que la hauteur du pont de Santi-Petri, doivent être
fixés par le ministère des travaux publics, mais qu'en attendant on peut faire des
approvisionnements.

73. Le 11, M. Dephieux soumet à M. Bousson le détail du prix auquel il lui sera possible
de fournir le ballast provenant de la carrière appartenant au sieur Careña, située à
droite du chemin de fer, en face du piquet 239. Ce prix se monte à 1 fr. 754, non
compris les frais d'établisssement de la voie d'embranchement, lesquels doivent être
évalués, au moins, de 5 à 6,000 fr. Il ajoute qu'il désire commencer au plus tôt ce travail, qui est déjà bien en retard, et occuper ainsi une partie du personnel de l'Entreprise qui est depuis longtemps inactif.

74. Le 12, M. Bousson répond à M. Dephieux que le prix de 1 fr. 75 est trop élevé, eu
égard à celui de 1 fr. 10, fixé à la série pour le même objet; que toutefois, prenant en
considération les difficultés d'extraction que présente la carrière dont il s'agit, relativement à celles de sable léger, il est d'avis de porter le prix de 1 fr. 10 à 1 fr. 60, com-

prenant tous les frais d'extraction, mise en place et régalage, de quelque nature qu'ils soient, moins ceux du transport au waggon à ajouter, suivant la formule n° 16 de la série. Il dit que la Compagnie ne fait, pour ce travail, de nouveaux sacrifices, que parce qu'elle attend de l'entreprise une rapide exécution de la première couche de ballast.

75. Le même jour, M. Bousson adresse à M. Dephieux les pièces relatives à l'achèvement, par série, du mur de quai de Cadix, et ajoute que les prix proposés lui paraissent fort élevés, mais que néanmoins il a l'intention arrêtée de les soumettre à l'approbation de la Compagnie, afin de mettre l'Entreprise en mesure d'exécuter ce travail avec célérité, et dans des conditions avantageuses pour elle.

76. Le même jour encore, M. Dephieux répond à M. Bousson qu'il accepte le prix de 1 fr. 60 pour le ballast à extraire de la carrière du sieur Careña, sous la réserve seulement que, dans le cas où il ne pourrait pas s'entendre avec ce dernier pour l'indemnité de carrière, M. Bousson ferait les démarches nécessaires pour l'expropriation de cette carrière et pour l'occupation temporaire du terrain où doit être établie la voie d'embranchement.

77. Le même jour également, M. Lacaze écrit à M. Dephieux qu'il peut disposer d'un certain nombre d'éclisses et les envoyer à Jerez.

78. Le même jour enfin, M. Plagnol écrit à M. Dephieux que les terrassements des salines ne peuvent se faire au prix de 75 c. le mètre, attendu que les ouvriers sont obligés de se retirer pendant les marées montantes, et d'épuiser ensuite les chambres d'emprunt. Il ajoute que les tailleurs de pierre seront bientôt sans travail, et demande si on ne pourrait pas les occuper à tailler des plinthes en attendant la reprise des travaux.

79. Le 14, M. Dephieux retourne à M. Bousson l'analyse de prix relative à l'achèvement du mur de quai de Cadix, avec quelques observations tendant à modifier légèrement quelques-uns de ces prix. Il le prie, ces modifications étant adoptées, de l'autoriser à commencer au plus tôt ce travail pressant, sans l'exécution duquel on ne peut reprendre les terrassements de la tranchée de la Punta de la Vaca, et occuper un personnel nombreux qui reste inactif depuis longtemps.

80. Le 18, M. Dephieux informe M. Bousson que, sur la section d'Utrera, entre les piquets 450 et 530, les chambres d'emprunt ne peuvent être utilisées pour faire le rechargement de la voie de gauche; qu'elles sont déjà fort larges et très-profondes, et que les dernières pluies y ont amené une certaine quantité d'eau; qu'on avait prévu leur élargissement au moyen de l'acquisition des terrains contigus, mais que l'expropriation de ces terrains n'étant pas faite, il est à craindre que les lenteurs inhérentes à cette formalité n'entraînent un arrêt et un retard dans la pose de la voie; qu'il en est de même

3

entre les piquets 595 et 603; qu'en conséquence, il propose d'accorder à l'Entreprise la latitude de faire les rechargements sur les points précités, en prenant les terres de la voie de droite.

81. Le 19, M. Bousson répond à M. Dephieux qu'en proposant de prendre les terres de la voie de droite pour compléter celle de gauche, il ne dit pas comment il remplacera ensuite les terres enlevées sur le côté droit, ni le prix auquel il se chargerait d'opérer ce double mouvement de terres; que c'est là pourtant une question importante à laquelle doit être subordonnée l'autorisation qu'il demande. Il indique quelques moyens pour parer momentanément à la difficulté de se servir des chambres d'emprunt par suite de la présence de l'eau, et ajoute qu'il a pris des mesures pour l'expropriation des terrains contigus.

82. Le 21, M. Bousson écrit à M. Dephieux que les ponts en fer du Guadaira et du Moron devant arriver bientôt, il l'invite à commencer d'urgence les maçonneries de ces deux ponts, afin qu'elles soient prêtes à recevoir les poutres en tôle à leur arrivée sur les lieux. Il espère que M. Dephieux acceptera les analyses de prix dressées à Utrera et à Séville, pour les travaux restant à faire sur ces deux ponts et autres ouvrages, mais qu'en attendant son acceptation, on tiendra des attachements contradictoires de tous les détails de la construction.

83. Le 23, M. Dephieux répond à M. Bousson que, dès qu'il aura reçu le plan et la série des prix pour le Guadaira, il s'empressera de se mettre à l'œuvre, et le travail sera poussé activement; qu'à l'égard du pont du Moron, il a hésité jusqu'ici à accepter l'analyse des prix; qu'il va se faire remettre le cahier des sous-détails pour s'en rendre un compte plus exact, mais qu'il craint que ces prix ne soient pas acceptables, et qu'à son prochain voyage à Séville il lui proposera quelques modifications à ce sujet.

84. Le même jour, M. Dephieux expose à M. Bousson qu'il craint que les formalités d'expropriation des terrains contigus aux chambres d'emprunt ne soient très-longues, et il lui propose des prix et des moyens pour pouvoir travailler immédiatement dans les marais.

85. Le 28, M. Bousson informe M. Dephieux que le Conseil d'administration a approuvé les conventions faites entre eux par lettres des 11 et 12 courant, au sujet du ballast à prendre dans la carrière en face du piquet 239.

86. Le 31, M. Bousson écrit à M. Dephieux qu'il vient lui renouveler l'invitation qui lui a été faite plusieurs fois, de compléter d'urgence le ballast déjà commencé entre Cadix et Puerto-Real, et le mettre en état de réception pour une voie, dans le plus bref délai possible.

MOIS DE JUIN 1859.

87. Le 1ᵉʳ juin, M. Dephieux répond à M. Bousson qu'il est prêt à se conformer à ses instructions, mais que, pour régler le profil de la voie d'une manière définitive, il est nécessaire qu'il lui fasse remettre le profil en long de cette partie de la ligne, ou des notes quelconques indiquant les pentes, rampes, rayons des courbes, etc. Il ajoute que si l'on met aujourd'hui la voie en état de réception définitive, il sera de toute nécessité de la faire recevoir aussitôt ce travail terminé, l'entreprise ne pouvant, vu l'éloignement de la mise en exploitation de cette section, rester assujettie aux conditions de l'art. 17 de la série qui laisse à la charge de l'entrepreneur l'entretien de la voie pendant un mois d'exploitation.

88. Le 2, M. Bousson écrit à M. Dephieux que, dans le courant du mois de mai dernier, l'entreprise a successivement réduit le nombre des ouvriers employés aux travaux des lignes de Séville à Jerez, et de Puerto-Real à Cadix ; que ce fait a attiré l'attention des autorités, en compromettant de la manière la plus grave les intérêts de la Compagnie et l'époque à laquelle doivent être achevés les travaux ; que dans cette situation qui ne peut se prolonger plus longtemps, il vient mettre de nouveau M. Dephieux en demeure de donner aux travaux toute l'activité qu'ils comportent, et spécialement d'avoir organisé et mis en pleine activité, à partir du 6 courant, les chantiers qu'il lui désigne ; qu'en un mot, il est de toute urgence que, dans le délai de huit jours, l'Entreprise ait sur toute la ligne environ douze cents ouvriers répartis de la manière la plus utile sur les divers chantiers qu'il vient de désigner, avec un nombre correspondant de charrettes, bêtes, etc. ; que rien ne doit arrêter M. Dephieux, car il a les instructions nécessaires pour l'exécution des travaux, les prix sont fixés par le traité ou par des conventions récentes, et, dans tous les cas, des attachements complets seront pris sur tous les travaux pour lesquels cette mesure pourra être utile aux intérêts de l'Entreprise comme à ceux de la Compagnie. Il termine en demandant un accusé de réception de sa lettre, et qu'on lui fasse connaître qu'on a pris des dispositions suffisantes, à défaut de quoi il prendra toutes les mesures légales nécessaires pour assurer la continuation active des travaux, en sauvegardant les intérêts de la Compagnie.

89. Le 5, M. Dephieux répond à M. Bousson qu'il est vrai que le nombre des ouvriers a été quelque peu réduit dans le courant du mois de mai dernier, mais qu'en voici les motifs : Sur la section de Séville, tous les travaux qui ont été mis à la disposition de l'Entreprise étant à peu près terminés, l'entrepreneur a dû renvoyer les ouvriers, ne pouvant les conserver dans l'espoir d'un travail éventuel. Depuis dix mois, l'Entreprise paie un personnel nombreux et fort coûteux, sans avoir pu l'utiliser d'une manière complète, faute de travail. Dès le mois d'octobre 1858, c'est-à-dire peu après l'arrivée en Espagne du personnel de l'Entreprise, cette dernière a attendu la livraison des ter-

rains aux abords de Séville, et les documents nécessaires pour y commencer les travaux ; la question de la carrière à ballast est pendante depuis cette époque. — Les maçonneries du pont du Guadaira sont en cours d'exécution, mais après de nombreuses réclamations de l'Entreprise, il y a huit jours à peine que cet ouvrage a été mis à sa disposition. — A Utrera, des ordres vont être donnés pour s'occuper des rechargements, autant que le permettra l'état de submersion des chambres d'emprunt. — Aussitôt que l'Entreprise recevra des renseignements sur l'emploi du nouveau matériel et le resabotage des traverses, elle s'empressera de reprendre la pose de la voie entre Utrera et Las Cabezas, qu'on a été obligé de suspendre, il y a près de quatre mois, faute de matériel. — La tranchée de Quincena a marché jusqu'ici avec toute l'activité possible, mais depuis cinq jours, par suite des pluies continuelles, la voie est tellement détrempée qu'il serait imprudent d'y aventurer une machine. — Il en est de même de toutes les parties de Lebrija à Jerez, notamment de la tranchée de Caolina. — A Lebrija, la pose de la voie a dû être interrompue par suite du manque d'éclisses et chevillettes. — Sur la section de Puerto-Real à Cadix, l'Entreprise n'attend, pour réparer et mettre en état de réception les parties de voie déjà posées, que les instructions demandées par la lettre du 1er courant. — Dès qu'elle aura reçu les instructions et documents nécessaires pour le battage des pieux au Santi-Petri, ce travail sera immédiatement commencé. — En somme, toutes les mesures possibles sont prises pour activer les chantiers que M. Bousson signale, mais il est regrettable que la Compagnie n'ait pu jusqu'ici être en mesure de livrer les travaux importants restant à exécuter sur les deux lignes de Séville à Jerez et de Puerto-Real à Cadix, et que l'Entreprise soit restée depuis dix mois sans avoir presque rien à faire.

90. Le même jour, par deux lettres séparées, M. Lacaze annonce, dans l'une, à M. Dephieux, l'envoi prochain des dessins de construction des piles du Santi-Petri, et l'invite, en attendant, à commencer immédiatement le battage des pieux ; il lui remet, par l'autre, le profil type du mur de quai de la baie de Cadix, et lui donne des instructions sur le dosage et le coulage du béton.

91. Le 7, M. Bousson répond à la lettre de M. Dephieux du 5, en lui disant qu'il ne peut que lui confirmer la prescription de toutes les mesures indiquées en détail dans sa lettre du 2 ; que, sans entrer pour le moment dans aucune discussion, il se borne à lui répondre que l'Entreprise a tous les documents et instructions nécessaires pour employer utilement le nombre d'ouvriers qu'il a prescrit ; qu'elle possède également tout le matériel nécessaire pour commencer la pose de la voie, et que des mesures sont prises pour continuer à l'approvisionner au fur et à mesure des besoins ; enfin il lui répète qu'à l'égard des travaux pour lesquels les prix ne sont pas encore fixés, on prendra des attachements contradictoires, se conformant ainsi à un système suivi depuis longtemps.

92. Le 8, M. Lacaze envoie à M. Dephieux le plan de détail d'une pile pour le Santi-Petri, avec des instructions pour le battage des pieux ; ainsi que des profils types pour

la pose de la voie ; il dit que, du piquet 14 au piquet 70, ce règlement devra être fait suivant les piquets d'axe et de hauteur plantés par les soins de M. Amiel ; il ajoute que, pour la partie de Puerto-Real aux salines, on suivra le profil dressé par M. Plagnol, employé de l'Entreprise, et qu'il fera connaître ultérieurement les modifications que l'on pourrait juger nécessaires.

93. Le même jour, M. Dephieux rappelle à M. Bousson la différence existant entre le profil général de la ligne qui lui a été remis par M. Trilhe, et celui qui lui avait été remis précédemment par M. Szczepanski, et d'après lequel on a posé, sur la section de Jerez, environ 14 kilomètres de voie. Il le prie de lui dire lequel des deux profils doit être exécuté, et de lui faire remettre, dès qu'il sera possible, un profil général et définitif de toute la ligne, afin de ne pas marcher à l'aventure, ni s'exposer à recommencer deux fois le même travail.

94. Le 11, M. Plagnol, employé de l'Entreprise, remplaçant M. Dephieux qui s'était absenté pour un voyage à Madrid et à Paris, adresse à M. Bousson les deux profils en long, dressés par MM. Szczepanski et Trilhe ; plus un profil en long pour la section de Séville ; enfin un profil en long et des profils en travers dressés par M. Prosper Plagnol pour la section de Cadix.

95. Le 13, M. Lacaze écrit à M. Dephieux que la voie doit être réglée, non pas d'après un profil en long, mais suivant le piquetage fait ; que ce piquetage doit être suivi, dans les limites qu'il a indiquées, sous la responsabilité de la Compagnie.

96. Le 17, M. Bousson fait notifier, par notaire, à M. Dephieux, représentant de l'Entreprise, et, en son absence, à M. Plagnol, délégué de M. Dephieux, la sommation suivante :

« Comme représentant de la Compagnie concessionnaire des chemins de fer de Séville
« à Jerez et de Puerto-Real à Cadix, et pour remplir les devoirs et obligations de ma
« charge, je vous expose ce qui suit : — Le 2 juin courant, j'ai adressé à M. Dephieux,
« représentant de l'entrepreneur, une lettre administrative lui ordonnant d'organiser
« et activer les travaux des susdites lignes, désignés en détail, dans le délai de quatre
« jours, de manière à avoir, dans le délai de huit jours, sur les deux lignes, un nombre
« de douze cents ouvriers répartis de la manière la plus utile, et suivant les indications
« contenues dans ladite lettre. — Le représentant de l'entrepreneur m'a répondu le 5 juin
« en m'annonçant qu'il avait reçu ma lettre du 2 du même mois, et qu'il était disposé
« à prendre les mesures nécessaires pour se conformer aux prescriptions de cette
« lettre. — Malgré ce qu'il m'avait promis dans sa réponse du 5 juin pour se conformer
« aux prescriptions terminantes qu'il avait reçues, l'entrepreneur a, au contraire, dimi-
« nué le nombre de ses ouvriers, jusqu'à suspendre une partie des chantiers des deux
« lignes, ainsi qu'il résulte des certificats faits par notaires, dans les districts d'Utrera, Jerez
« et Cadix, les 7, 8, 11 et 14 du présent mois. — L'on sait aussi que l'entrepreneur a or-

« donné ultérieurement à ses employés de réduire les dépenses des travaux des 9/10mes
« comparativement aux mois précédents, et de renvoyer la majeure partie des ouvriers,
« ce qui est prouvé surabondamment par les états journaliers qui indiquent clairement
« la diminution du nombre des ouvriers en comparaison des mois précédents. — Et
« attendu que cette diminution graduelle de l'activité qu'exigent les travaux entraîne les
« plus grands préjudices pour la Compagnie, et est pire encore qu'une suspension to-
« tale notifiée à la Compagnie, suspension qui aurait permis à cette dernière de prendre
« les mesures nécessaires pour pousser ses travaux avec rapidité, et atténuer en grande
« partie les résultats désastreux de tant de lenteur. — Attendu que les ingénieurs, re-
« présentants du gouvernement, ont adressé des ordres précis à la Compagnie, en date
« des 21 mai et 6 juin, pour qu'elle activât ses travaux. — Attendu que lesdits repré-
« sentants du gouvernement considèrent le très-petit nombre d'ouvriers existant sur les
« chantiers comme équivalant à une véritable suspension des travaux. — Attendu que
« la lenteur toujours croissante avec laquelle l'entrepreneur exécute ses travaux met
« évidemment la Compagnie dans l'impossibilité de remplir ses obligations vis-à-vis du
« gouvernement de Sa Majesté, et que ledit entrepreneur n'a pas de moyens suffisants pour
« indemniser ensuite la Compagnie des immenses préjudices que lui cause tant de len-
« teur dans l'exécution des travaux. — Par ces motifs, je vous somme, comme repré-
« sentant de l'entrepreneur, d'avoir, dans le délai de 48 heures, douze cents ouvriers
« occupés sur les deux lignes, et distribués de la manière la plus utile suivant les in-
« dications de la susdite lettre du 2 juin, et d'organiser complétement tous les chan-
« tiers détaillés dans la même lettre. — A défaut de vous conformer, dans le délai fixé
« de 48 heures, auxdites prescriptions, dans toutes leurs parties, les travaux seront con-
« sidérés par la Compagnie comme abandonnés, et, par conséquent, elle les reprendra
« immédiatement à sa charge, pour les continuer et les activer en régie, laissant l'en-
« trepreneur responsable de tous les dommages et préjudices occasionnés par la perte
« de temps, et se réservant contre lui tous ses droits, recours et actions. — A cet effet,
« je vous somme, dans le cas où vous ne vous conformeriez pas, dans le délai fixé, à
« ces ordres terminants et réitérés, de nommer des personnes compétentes pour : 1° que
« l'on fasse aux ingénieurs de la Compagnie la remise de tous les outils appartenant à
« cette dernière, et prêtés par elle à l'entrepreneur pour faciliter l'exécution des tra-
« vaux, en dressant en même temps un inventaire constatant le nombre de ces outils et
« l'état dans lequel ils se trouvent ; et que l'on fasse également la remise de tous les ap-
« provisionnements de matériaux de construction que la Compagnie a déjà payés sur-
« abondamment à l'entrepreneur, afin que cette dernière puisse continuer et pousser
« ses travaux sans aucun obstacle ; 2° que l'on fasse le métré contradictoire des travaux
« exécutés par l'entrepreneur jusqu'à l'expiration du délai fixé de 48 heures, et l'on
« règle tous les comptes relatifs auxdits travaux. — Dans le cas où vous ne nommeriez
« pas les personnes compétentes pour cet objet, on procédera audit inventaire et remise
« des matériaux, ainsi qu'au métré et règlement des comptes, par devant notaire public
« ou par autre moyen judiciaire que l'on jugera convenable. »

97. Le 18, M. Plagnol fait signifier à M. Bousson, en réponse à sa sommation du 17, la protestation suivante :

« Le sieur Joseph Plagnol, en vertu des pouvoirs qui lui ont été délégués par
« M. Etienne Dephieux, représentant direct de M. de Kervéguen, qui les a approuvés,
« proteste de toutes ses forces contre l'acte illégal de M. Bousson et la prise de possession,
« par la Compagnie, des travaux, matériel et matériaux de l'Entreprise chargée de la
« construction des chemins de fer de Séville à Jerez et de Puerto-Real à Cadix, par les
« motifs qui suivent :

« Aux termes des conventions verbales intervenues entre M. Numa Guilhou, repré-
« sentant de la Compagnie concessionnaire des chemins de fer de Séville à Jerez et de
« Puerto-Real à Cadix, demeurant rue de Provence, n° 50, à Paris, et M. le vicomte
« Aimé de Kervéguen, député du Var, demeurant rue de Clichy, n° 28, aussi à Paris,
« ce dernier est chargé de tous les travaux, sans exception, à faire pour la mise en ex-
« ploitation des deux lignes de fer précitées.

« Aux termes des mêmes conventions, M. de Kervéguen doit avoir terminé ses tra-
« vaux le 1ᵉʳ janvier 1860, à moins toutefois que la Compagnie n'y apporte quelque
« entrave, soit par retard dans la livraison des terrains où doivent être exécutés les tra-
« vaux, ainsi que du matériel dont elle s'est réservé la fourniture, soit pour toute autre
« cause.

« L'entrepreneur a fait jusqu'alors tout ce qui était en son pouvoir pour donner la
« plus grande impulsion possible aux travaux, tandis que la Compagnie a fait tout ce
« qu'elle a pu pour en retarder l'exécution.

« Outre les difficultés sans nombre que l'Entreprise a éprouvées pour entrer en pos-
« session des travaux concédés, c'est en vain que depuis dix mois elle a réclamé à la
« Compagnie les terrains ou documents nécessaires pour l'exécution des travaux de la
« Punta de la Vaca, des abords de San-Fernando, des ouvrages importants du Santi-
« Petri, de la traversée des salines, de las Animas, Boca de Labé, San-Vicente, etc., etc.;
« des abords de Séville, les terrains pour les sablières de ballast, les gares et bâtiments
« divers, le matériel pour la pose de la voie dont l'exécution a été ajournée pendant
« trois ou quatre mois.

« C'est donc la Compagnie qui est responsable de tous les retards apportés à l'exécu-
« tion des travaux, puisqu'elle n'a pas remis à l'entrepreneur les documents et moyens
« nécessaires pour les pousser activement.

« Au surplus, l'entrepreneur est dans la limite de son délai, et par conséquent se
« trouve pleinement dans son droit.

« La Compagnie, pour parer aux attaques de MM. les inspecteurs du gouvernement
« et aux reproches de lenteur qui lui sont adressés, est mal fondée de rejeter sur l'en-
« trepreneur le retard d'exécution dans les travaux, attendu que la correspondance
« échangée entre le représentant de l'Entreprise à Cadix et MM. les agents et hauts fonc-
« tionnaires de la Compagnie, notamment celle de M. Louis Guilhou, directeur à Ma-
« drid, prouve de la manière la plus évidente que la faute doit être imputée à ladite
« Compagnie. Cette correspondance sera produite en temps et lieu, et sera sans nul

« doute un témoignage irrécusable. Mais de plus, aujourd'hui encore, on peut prouver
« que la Compagnie n'a pas pris ses mesures pour l'exécution du ballastage, ni fourni
« bon nombre de documents indispensables et si souvent réclamés par l'entrepreneur.
« En effet, on ne peut pas contester les démarches actives de l'entrepreneur pour la re-
« cherche des carrières à ballast ; on ne peut pas nier que l'apathie inqualifiable de la
« Compagnie a obligé l'Entreprise à s'entendre et à traiter directement avec le proprié-
« taire d'une carrière reconnue bonne par M. Bousson, directeur de la construction et
« de l'exploitation desdits chemins de fer de Séville à Jerez et de Puerto-Real à Cadix ;
« si cela n'eût dépendu que de l'Entreprise, depuis longtemps ce chantier de ballastage
« serait en pleine activité, mais la Compagnie, par des motifs que l'on peut dévoiler au
« grand jour, entrave le plus qu'elle peut ce travail. C'est à elle à provoquer l'occupa-
« tion temporaire, et par les voies légales, d'un terrain à travers lequel un chemin doit
« être pratiqué pour le transport du ballast. Elle se garde bien de presser la solution de
« cette question. En attendant, le matériel et le personnel de l'Entreprise restent inoc-
« cupés.

« Il est vrai que ladite Compagnie, pour se donner un semblant de bon droit, presse
« l'entrepreneur sur d'autres points où les travaux n'ont qu'une importance fort secon-
« daire, tels que certains chantiers de terrassement, de règlement, etc., travaux de para-
« chèvement qui ne sont pas urgents, et que l'on a tout le temps de faire. Mais la Com-
« pagnie n'a pas le droit d'imposer à l'entrepreneur un ordre de travail nuisible à ses
« intérêts ; elle doit lui donner en temps opportun tous les éléments nécessaires à l'exé-
« cution des travaux, mais en lui laissant la libre faculté de distribuer ses chantiers
« de la manière la plus économique, sans nuire à la marche du travail. Or, les élé-
« ments dont nous parlons ci-dessus ont toujours été incomplets, l'entrepreneur ne les
« obtient que par fragments. Malgré ses incessantes prières, il n'a reçu que le 5 du présent
« mois le profil type du mur de Cadix, sans aucune instruction pour l'exécution. C'est
« seulement le 8 courant qu'il a eu entre les mains le plan d'une pile du pont sur le
« Santi-Petri. Enfin, il lui manque les profils en long des deux lignes, notamment de
« celle de Puerto-Real à Cadix, pour laquelle l'ordre de service de M. le directeur
« Bousson prescrit la mise en état de réception par l'emploi de soixante ouvriers.

« En résumé, la notification faite à l'entrepreneur par M. le directeur Bousson, au
« nom de la Compagnie, est illégale en fait et en droit :

« *En fait*. — Parce que la Compagnie a toujours manqué à ses obligations, et qu'au-
« jourd'hui encore elle n'est pas en mesure de mettre l'entrepreneur en situation d'or-
« ganiser d'une manière franche et complète tous ses ateliers, à cause de la non-remise
« des terrains et des éléments nécessaires à l'exécution. On a diminué le nombre des
« ouvriers sur différents points de la ligne où le travail n'est pas urgent, cela est vrai.
« Mais la diminution n'est pas aussi considérable que veut bien le dire la notification de
« la Compagnie, car, au 20 mai dernier, il y avait sur les chantiers des deux lignes
« douze cent quarante-un ouvriers, et au 14 juin il en restait encore quatre cent
« soixante-dix-neuf.

« *En droit*. — 1° Parce que la juridiction espagnole est incompétente dans la

« matière : aux termes du contrat intervenu entre MM. de Kervéguen et Numa Guil-
« hou, toute difficulté qui surviendra entre la Compagnie et l'Entreprise, *pendant l'exé-*
« *cution des travaux et lors du règlement*, devra être portée devant le tribunal de
« commerce de la Seine, et le différend vidé par lui. Il est hors de doute que l'entre-
« preneur ayant accepté un délai pour la livraison de ses travaux, doit pouvoir aug-
« menter ou diminuer le chiffre des ouvriers sur ses chantiers, sans que la Compagnie
« ait le droit de lui fixer ce chiffre d'une manière absolue. Si cependant cette dernière
« voit dans la marche desdits travaux et dans le mode de leur exécution, des motifs qui
« l'autorisent à se plaindre, elle doit s'adresser à M. de Kervéguen, rue de Clichy,
« n° 28, à Paris, qui pourra par *les voies légales françaises* être mis en demeure de
« modifier l'exécution de son travail et les clauses de son contrat.

« En conséquence de ce qui précède, et en vertu du contrat précité, je proteste for-
« mellement, au nom de M. Kervéguen et comme son mandataire, contre l'irrégularité
« de l'acte de M. le directeur Bousson, notifié le 15 juin courant par la juridiction
« espagnole, et l'entrepreneur demande la nullité de cette signification de mise en
« demeure : le tribunal de la Seine étant seul compétent, c'est à M. de Kervéguen, en
« son domicile à Paris, que doit être faite une notification.

« Je proteste et je me refuse formellement à toute prise de possession des travaux et
« du matériel, actuellement aux mains de l'Entreprise, et pour ce fait de la Com-
« pagnie qui s'est permis, même avant le délai fixé par la notification, de mettre
« directement des ouvriers à Jerez pour construction d'acqueducs, règlement de voie,
« approvisionnement de chaux, etc., et dont l'entrepreneur seul a l'initiative ; pour le
« fait aussi de certains propos et manœuvres des agents de la Compagnie ten-
« dant à porter préjudice au crédit et à la considération de l'Entreprise en Espagne ;
« pour le fait des violations flagrantes du contrat signé par MM. de Kervéguen et
« Guilhou, en faisant intervenir la juridiction espagnole dans les différends survenus.
« Je fais toutes réserves des droits absolus de M. de Kervéguen, entrepreneur incom-
« mutable, et je réclame en son nom, à titre de dommages et intérêts, la somme de trois
« millions de francs, la présente protestation et réclamation devant être faite devant le
« tribunal compétent, si la Compagnie passe outre dans son projet de prise de posses-
« sion. »

98. Les 20 et 21, les différents chefs de section de l'Entreprise protestent également, par ministère de notaires, contre la prise de possession des travaux par la Compagnie, qui s'en est emparée, ainsi que du matériel et outils de l'Entreprise, en em-
ployant des procédés violents.

99. Le 20, M. de Kervéguen écrit à M. Numa Guilhou, administrateur de la Compagnie, à Paris, ce qui suit :

« La situation des travaux du chemin de fer de Séville à Cadix a été arrêtée, pour
« le mois d'avril dernier, à la somme de................... 304,653 fr. 48 c.
« à laquelle j'ajoute un appoint de......................... 96   52

« Ce qui fait un total de........... 304,750 fr. » c.

« représentant, à 250 fr. chaque.... .... 1,219 obligations.
« desquelles je retranche 5 p. 100 de cautionnement, soit...... 61 d°

     « Reste net à me revenir........... 1,158 d°
« que vous voudrez bien réunir aux précédentes............. 2,685 d°
 « Ce qui fait un total que vous avez à moi en garantie des
« avances que vous m'avez faites, de....................... 3,843 obligations.

« En dehors de ces 3,843 obligations de Séville à Cadix, vous en avez maintenant
« 268 autres, à la réserve de mon cautionnement.

« Ces 1,219 obligations sont valeur du 8 mai 1859.

« Veuillez m'écrire si nous marchons d'accord. »

« Par suite de ce règlement, j'ai déjà reçu de la Compagnie, en payement des tra-
« vaux, 5,833 obligations; de sorte qu'il ne m'en revient plus que 167 pour atteindre
« les premiers 1,500,000 fr. du traité. »

100. Le 21, M. de Kervéguen adresse à M. Numa Guilhou, administrateur de la
Compagnie, à Paris, la lettre suivante :

« La situation des travaux du chemin de fer de Séville à Cadix a été arrêtée, pour le
« mois de mai dernier, à la somme de............... .... 208,129 fr. 81 c.

« Comme j'ai été payé entièrement des travaux exécutés, par la
« livraison de 5,833 obligations de la Compagnie, il ne m'en
« revient plus que 167 pour atteindre les premiers 1,500,000 fr.
« prévus au traité.

 « Or, 167 obligations à 250 fr. représentent .... 41,750 »

« que je retranche de la somme ci-dessus................... 166,379 fr. 81 c.

« Ces 166,379 fr. 81 c. restants, sont payables deux tiers en espèces et un tiers en
« obligations.

« Or, le tiers de...................... 166,379 fr. 81 c.
« est de 55,500 fr. en nombre rond, ci...... 55,500 »
« représentant le tiers payable en obligations.

« Le surplus, soit.................... 110,879 fr. 81 c.
« est payable, en espèces sous déduction de
« 5 p. 100 de cautionnement, ci.......... 5,548 »

  « Reste net me revenant........ 105,331 fr. 81 c.

« D'autre part, les 41,750 fr. obligations formant le complément des premiers
« 1,500,000 fr., réunis au 55,500 fr. du tiers précité, payable en obligations, forment
« un total de 97,250 fr. ou 389 obligations. Ces............. 389 obligations.
« sont passibles également de la retenue de 5 p. 100, ci......... 20 d°

« de sorte qu'il me revient net. .... 369 obligations.

« Veuillez, je vous prie, réunir ces 369 obligations aux...... 3,843 autres que
« *vous avez déjà à moi, en dépôt à votre caisse,* ce qui fera un
« total disponible de.................................. 4,212 obl. libres.

« Ces 389 obligations sont valeur du 8 juin 1859.

« Ayez encore la bonté de créditer mon compte courant chez vous de 105,331 fr. 80 c.
« d'autre part, valeur aussi 8 juin 1859.

« Par suite de ce qui précède, mon compte de cautionnement se compose aujourd'hui
« de 308 obligations de la Compagnie et de 5,548 fr. en espèces.

« Veuillez m'écrire si nous marchons d'accord. »

101. Le 22, M. Numa Guilhou, en sa qualité d'administrateur de la Compagnie,
répond à M. de Kervéguen ce qui suit : « J'ai reçu vos lettres des 20 et 21 courant. Je
« ne puis encore répondre à la seconde, parce que je n'ai pas encore reçu de Madrid la
« situation des travaux du chemin de fer pour le mois de mai.

« Quant à la première, nous marchons parfaitement d'accord avec son contenu et le
« compte qu'elle établit. En conséquence, la situation des travaux pour le mois d'avril
« ayant été arrêtée à...... .... 304,653 fr. 48 c.
« auxquels vous aurez à ajouter un appoint de................ 96   52

Total....................... 304,750 fr. » c.

« Il vous revient, à 250 fr. chacune..................... 1,219 obligations
« desquelles je retranche comme vous.................... 61   pour le

« 5 p. 100 de votre cautionnement, et il reste net à vous revenir.. 1,158 obligations
« libres qui, jointes aux 2,685 que j'avais déjà en main, donnent un total de 3,843 obli-
« gations que j'ai reçues en garantie de mes avances.

« En dehors de ces 3,843, celles que j'ai reçues pour votre cautionnement s'élèvent
« maintenant à 288.

« Les 1,219 obligations qui vous reviennent par suite du règlement actuel, sont va-
« leur 8 mai 1859.

« Les obligations que vous avez, à ce jour, reçues de la Compagnie, s'élevant à
« 5,833, il ne reste plus, pour atteindre les premiers 1,500,000 fr. de travaux entiè-
« rement payables en obligations, aux termes du traité, que 167 obligations ; ces
« 167 obligations une fois reçues par vous, le règlement des travaux ultérieurs aura
« lieu, suivant traité, deux tiers en espèces, un tiers en obligations. »

102. Le même jour, M. de Kervéguen adresse à M. Numa Guilhou, administrateur
de la Compagnie, à Paris, la lettre suivante : « Par ma lettre en date d'hier, j'ai eu
« l'honneur de vous établir la situation des travaux au 20 mai dernier, laquelle, réunie
« aux précédentes, me constitue possesseur maintenant de 4,212 obligations ; plus, à la
« réserve de mon cautionnement, 308 autres obligations et 5,548 fr. en espèces.

« Avec votre agrément verbal et une avance que vous avec bien voulu me faire de
« 2,788 obligations de la Compagnie, ce qui forme un total de 7,000 obligations, j'ai
« passé, ce jour, un traité enregistré avec M. le duc de Galliera, à Paris, lequel m'a
« avancé, en nantissement, une somme de *douze cent mille francs,* dont je vous remets
« ci-joint l'importance en un bon au porteur sur le Crédit foncier de France ; ce qui

« solde mon compte débiteur avec la Compagnie, et laisse à mon avoir un solde de
« 445,000 fr. environ, sauf compte.

« Veuillez, je vous prie, m'accuser réception des 1,200,000 fr. susdits. Afin de ga-
« rantir complétement la Compagnie de son avance de 2,788 obligations, je remets
« pour elle en vos mains, et sous ce pli, le double de mon traité avec M. le duc de Gal-
« liera, et ce, jusqu'à l'époque où M. le duc sera remboursé de ses avances et les
« 2,788 obligations rendues à la Compagnie, ou bien encore jusqu'à ce que, par une
« retenue successive, opérée mensuellement sur les obligations me revenant pour un
« tiers sur l'achèvement des travaux, la Compagnie soit couverte de son avance.

« Ces 2,788 obligations lui sont présentement garanties par les 4,212 obligations
« m'appartenant, et le traité en ses mains.

« Veuillez encore m'accuser réception de la remise du traité précité avec M. le duc
« de Galliera, faire arrêter mon compte au 25 juin courant, pour tout l'antérieur,
« et m'en faire connaître les détails.

« M. Dephieux devant partir demain soir pour l'Espagne, je vous prie de vouloir bien
« lui donner une lettre pour Monsieur votre frère à Madrid.

« Enfin, je vous prie de vouloir bien tenir à ma disposition, le 6 juillet prochain,
« 229,000 fr. pour le payement de mes traites acceptées et payables le lendemain,
« 7 juillet. »

103. Le 24, M. Numa Guilhou, en sa qualité d'administrateur de la Compagnie,
répond à M. de Kervéguen ce qui suit :

« J'ai l'honneur de vous confirmer ma lettre d'hier, qui vous accusait réception de la
« vôtre en date du 21 courant, et vous disait que j'attendais, pour y répondre, d'avoir
« reçu de M. le directeur l'état de situation des travaux du chemin de fer pour le mois
« de mai. Cet état ne m'étant pas encore parvenu, je me trouve aujourd'hui, comme
« hier, dans l'impossibilité de répondre, soit à cette lettre, soit à celle du 22 que j'ai
« reçue hier. Je me borne donc, pour le moment, à vous accuser réception : 1° du
« bon de 1,200,000 fr. (douze cent mille francs), et de votre traité avec le duc, que
« m'a apportés votre lettre du 22 ; et 2° des 96 fr. 52 c. que vous avez fait verser hier
« à ma caisse.

« Je tiendrai à votre disposition, pour le 6 juillet prochain, les 229,000 fr. que vous
« me demandez. »

104. Le 26, M. Plagnol écrit à M. Bousson que, d'accord avec M. Amiel, employé
de la Compagnie, il a été décidé qu'on continuerait la pose de la voie vers las Cabezas,
que l'on compléterait les remblais malgré la forte épaisseur qui manque pour atteindre
la hauteur des terrassements, et qu'on ferait la pose sans éclisses, dont on manque,
pour suivre la voie de côté. Mais, ajoute-t-il, avec toute sa bonne volonté de se conformer aux ordres de M. Amiel, il se trouve embarrassé en présence d'une lettre
qu'il vient de recevoir de M. Dephieux, lequel lui recommande de réclamer à M. le
directeur des travaux, pour les deux lignes, les plans et profils en long définitifs, de

les vérifier et de constater les relevages et les abaissements à faire, avant de continuer la pose et le règlement de la voie ; car, si l'on a travaillé jusqu'à présent sans être bien fixé, pour être agréable à la Compagnie, il n'est pas possible d'exposer plus longtemps les intérêts de l'Entreprise en marchant à l'aventure. Toutefois, M. Plagnol croit, vu l'urgence de ce travail, devoir faire continuer activement la pose vers las Cabezas ; mais il insiste pour la remise des plans et profils.

105. Le 27, M. Amiel adresse à M. Raffin, employé de l'Entreprise, une partie du profil en long de la section de Lebrija-Jerez.

106. Le même jour, M. Bousson répond à la lettre de M. Plagnol, du 26, que le prétexte de manquer de profils définitifs ne peut être admis, d'autant plus que l'Entreprise a ces profils, puisqu'elle les lui a remis à lui-même, et que, si quelques modifications sont faites, comme cela a toujours lieu inévitablement, en cours d'exécution, le travail est tout tracé et donné par le chef de section de la Compagnie ; que ni les intérêts ni la responsabilité de l'Entreprise ne sont compromis, puisqu'on ne lui a jamais contesté le payement d'aucun travail ; que ce qu'on lui dit, que, vu l'urgence, on va pousser rapidement la partie d'Utrera vers las Cabezas, quand, d'un autre côté, on renvoie en masse et brusquement le personnel de l'Entreprise dans cette section, sans pourvoir au préalable à son remplacement, est une contradiction inexplicable qui témoigne d'un parti pris de prolonger indéfiniment l'état de souffrance de tous les chantiers sous un prétexte ou sous un autre, prétextes qu'il saura réduire à leur juste valeur, tandis qu'il y a purement et simplement, de la part de l'Entreprise, un refus d'obtempérer aux ordres de la Compagnie dont il lui laisse toute la responsabilité ; que, dans cette situation, il informe le Conseil d'administration et les administrateurs de Paris de l'inactivité et de toute la résistance calculée que l'Entreprise met dans l'exécution des travaux.

107. Le même jour encore, M. de Kervéguen écrit à M. Dephieux, son représentant, ce qui suit :

« P. S. Au moment où je terminais cette lettre, M. Numa Guilhou me fait prier de
« passer chez lui, et j'en arrive. Il vient de me montrer une dépêche télégraphique de
« son frère, prétendant que vous avez donné des ordres contraires à la reprise des tra-
« vaux. Je l'ai dissuadé de cette pensée, et je lui ai répondu que j'avais accédé au désir de
« M. Bousson, et ordonné, par dépêche télégraphique, de rétablir le chiffre de douze
« cents ouvriers sur nos chantiers. M. Numa Guilhou m'a alors répondu qu'il ne fallait
« pas écouter M. Bousson dans ses exigences ; que douze cents ouvriers étaient un chif-
« fre considérable ; *que la Compagnie n'avait pas des millions à nous donner, qu'elle*
« *était gênée,* et qu'il fallait aller doucement sans s'inquiéter du reste ; qu'au surplus
« il vous priait instamment de voir son frère à Madrid, et de vous entendre entièrement
« et complétement avec lui. Veuillez le faire, mais je vous avoue que ces confidences
« me glacent d'effroi sur le compte des Guilhou et de la Compagnie. Je crois et je
« crains que nous n'ayons affaire à une planche pourrie qui craque de tous côtés. Ainsi

« donc, insistez fortement auprès de M. Guilhou pour que nous ne fassions plus de
« billets de circulation, car d'un mois à l'autre je crains bien que la Compagnie ne
« fasse la culbute. Il me tarde d'avoir payé mes 229,000 fr. de traites du 6 juillet.

« Comme je suis inquiet *pour le restant de notre argent qui est aux mains de*
« *M. Guilhou, je vais ce soir lui demander de me faire ouvrir un crédit à Séville pour*
« *M. Plagnol*, et vous écrirez à ce dernier, s'il m'est accordé, d'en user de suite et lar-
« gement ; ce sera autant de pris en cas de débâcle.

« Je vous le répète une troisième fois, je suis inquiet, très-inquiet ; faites tout votre
« possible pour éviter à l'avenir les billets de circulation. »

108. Le 28, M. Plagnol fait observer à M. Bousson qu'il n'est pas question du renvoi en masse du personnel de la section d'Utrera ; qu'il n'est question que du chef de
section, M. Lartigue ; que tous les autres employés doivent être maintenus, et qu'il est
recommandé au chef de section de Séville d'y faire de fréquentes tournées, pour que le
travail n'ait pas à souffrir du départ de M. Lartigue.

109. Le même jour, M. Numa Guilhou, en sa qualité d'administrateur de la Compagnie, écrit à M. de Kervéguen, ce qui suit :

« J'ai reçu de Madrid l'état de situation des travaux des chemins de Séville à Cadix,
« dont je vous envoie copie ; par suite de rectification pour erreur commise, l'arrêté
« accepté par M. Dephieux et se montant à... .... 208,129 fr. 81 c.

« se trouve modifié et réduit à........................... 207,631   79
  « Aux termes de votre traité, les premiers 1,500,000 fr. de tra-
« vaux doivent vous être payés entièrement en obligations, soit six
« mille obligations à 250 fr. l'une. Vous en avez reçu pour les tra-
« vaux antérieurement exécutés, 5,833 ; il reste (pour parfaire les
« 6,000) 167, qui à 250 fr. l'une, représentent 41,750 fr. parti-
« culièrement payables en obligations dans le règlement actuel, et
« que conséquemment je retranche du montant de ce règlement ;
« ci à déduire.. 41,750   »

                    Reste donc............ 165,881   79
« qui, aux termes du traité, sont payables un tiers en obligations et deux tiers en
« espèces.
« Or, le tiers de.............. .... 165,881 fr. 79 c.
« est de 55,293 fr. 73 c. que je déduis pour la partie payable en
« obligations, ci..................................... 55,293   73

      « Il reste donc pour celle payable en espèces....... 110,587   86
« De ces 110,587 fr. 86 c. doivent être déduits pour le 5 p. 100
« du cautionnement 5,529   39

      « Restent, vous revenant en espèces 105,058   47

« D'un autre côté, les 41,750 fr. obligations formant le complément des premiers
« 1,500,000 fr., joints aux 55,293 fr. 93 c., montant du tiers précité, payable en obli-
« gations, formant un total de 97,043 fr. 93 c. ou 388 obligations (plus un solde de
« 43 fr. 93 c.) qui sont également passibles de la retenue de 5 p. 100 de cautionne-
« ment, ci.. 388 obligations.

 « Moins pour ce 5 p. 100, en nombre rond................ 19   d°.

         « Il vous revient net........ 369 obligations.

« que je joins aux 3,843 que j'ai déjà reçues de vous, et qui sont en dépôt à ma caisse,
« ce qui fait un total de 4,212 obligations libres.

 « En dehors de ces obligations, celles laissées pour votre cautionnement se montent
« maintenant à 307.

 « Les 43 fr. 93 c. montant du solde précité, ci............... 43 fr. 93 c.

« devant être ajoutés aux 105,058 fr. 47 c. vous revenant en es-
« pèces, ci........... 105,058   47

 « Le total que vous avez à recevoir en espèces actuellement se

« monte à.. 105,102   40

 « Au cautionnement fourni en obligations, il faut ajouter maintenant 5,529 fr. 39 c.
« fournis au même titre en espèces.

 « Les 388 obligations formant l'objet du présent règlement, ainsi que les 110,631 fr.
« 79 c. espèces, sont portés à votre crédit, valeur 8 juin courant.

 « Veuillez, dans une réponse, me dire si nous marchons d'accord. »

110. Le 30, M. Lacaze remet à M. Plagnol les dessins types de trois espèces d'a-
queducs à construire dans les salines, entre San-Fernando et Puerto-Real, en lui disant
qu'il lui sera envoyé plus tard, et le plus tôt possible, l'état des aqueducs à exécuter, avec
les désignations exactes et piquetage des emplacements.

MOIS DE JUILLET 1859.

111. Le 1ᵉʳ juillet, M. Amiel, chef de section de la Compagnie à Jerez, écrit à
M. Raffin, employé de l'Entreprise, ce qui suit : « Conformément aux dispositions ar-
« rêtées entre M. Bousson et la Compagnie du Trocadero, j'ai l'honneur de vous inviter
« à livrer quinze waggons, en bon état, à M. Diez, à partir de demain 2 juillet. Déjà
« vous en avez livré dix, restent donc cinq à livrer demain. — M. Diez prétend ne pas
« pouvoir exécuter son contrat avec les waggons endommagés que vous lui avez four-
« nis. Je vous prie d'en choisir cinq de bons, et de les mettre à sa disposition dès demain.
« Je pars pour Séville, et je verrai comment on pourra s'arranger pour vous restituer
« ces quinze waggons qui, je le crains, pourront, pour le moment, nuire à vos travaux
« de terrassements. »

112. Le 4, M. Bousson écrit à M. Dephieux qu'il a reçu du gouvernement l'autorisa-

tion d'occuper temporairement la partie du terrain du sieur Montes, nécessaire à l'établissement du chemin qui doit unir avec la ligne la carrière à ballast située sur le côté droit, en face du piquet 239; que pour obtenir cette autorisation, la Compagnie a dû s'obliger, au lieu et place de l'Entreprise, à indemniser le propriétaire des dommages et préjudices que peut lui occasionner cette occupation temporaire; qu'en conséquence l'Entreprise ait à prendre ses mesures pour s'entendre avec le propriétaire sur le chiffre de ces dommages, ou, au besoin, le faire fixer par des experts; qu'enfin, maintenant que toute difficulté est aplanie, elle ait à pousser activement le ballastage de la ligne, et tenir le directeur au courant des mesures qu'elle aura prises pour imprimer à ce travail la marche la plus rapide possible.

113. Le 5, M. de Kervéguen adresse à M. Numa Guilhou, administrateur de la Compagnie, à Paris, la lettre suivante :

« J'ai l'honneur de vous informer que je reçois ce matin de M. Plagnol, mon fondé « de pouvoir à Cadix, une lettre du 26 juin, qui est bien tardive, et par laquelle il me « fait connaître qu'il a besoin de 77,000 fr. pour aujourd'hui même.

« Je regrette qu'il ne m'ait pas télégraphié cette demande au lieu de me l'écrire.

« En l'état de choses, il faut aviser promptement, et je viens vous prier de vouloir « bien ouvrir pour mon compte, télégraphiquement, un crédit de 100,000 fr. à Ca- « dix, à M. Plagnol, aujourd'hui même, ou bien, et à défaut, de vouloir bien le té- « légraphier à M. votre frère à Madrid.

« Je vous en aurai gratitude et vous tiendrai compte des frais de cette dépêche, etc. »

« P. S. Le porteur de la présente vous communiquera officieusement la lettre de « M. Plagnol précitée.

« Vous y verrez que M. Bousson ayant demandé douze cents ouvriers sur les chan- « tiers, mon agent les y a mis, et que, nonobstant cela, M. Bousson fulmine contre « nous que ce n'est pas assez. Je suis prêt à doubler le nombre de nos ouvriers et à le « porter à deux mille quatre cents et même à trois mille; mais comme d'autre part « vous m'avez dit que douze cents ouvriers sont déjà un chiffre raisonnable, je vous « prie de vous entendre avec le Conseil et avec Monsieur votre frère, afin de m'éviter « les désagréments que me cause ce conflit de volontés diamétralement contraires. »

114. Le même jour, M. de Kervéguen écrit à M. L. Guilhou, directeur de la Compagnie, à Madrid, ce qui suit :

« La présente lettre vous sera remise par M. Guyot-Persin, ingénieur civil, qui « aura l'honneur de vous voir à son passage à Madrid, et que j'ai chargé de l'inspec- « tion générale de mes chantiers sur le chemin de fer de Séville à Cadix.

« L'absence trop prolongée de M. Dephieux, qui ne m'a pas encore écrit depuis son « départ de Paris, le 23 juin dernier, motive l'envoi à Séville et à Cadix de M. Guyot, « qui est un homme de valeur et de longue pratique, et qui mérite confiance.

« Je ne vous parlerai pas, Monsieur le Directeur, des exigences croissantes de « M. Bousson, qui a voulu que je prisse douze cents ouvriers, dont l'effectif est au-

« jourd'hui présent sur mes chantiers, et qui aujourd'hui désire que j'en aie un plus
« grand nombre. Je suis tout à fait disposé à accéder à son désir, et à employer trois
« mille ouvriers s'il le faut; mais, comme je sais par M. votre frère que le paiement
« des travaux effectués par un aussi grand nombre de bras gênerait actuellement la
« Compagnie, je laisse à M. Numa, qui s'en est chargé, le soin de vous écrire à ce
« sujet, afin de m'éviter les désagréments que me causent les plaintes de M. Bousson.
« Je crois devoir saisir néanmoins cette occasion de rappeler à votre souvenir, que mon
« traité avec la Compagnie dit en termes formels que tous les terrains non encore
« expropriés des deux sections me seront livrés immédiatement; que, depuis 11 mois
« que le traité existe, rien de ce qui devait être fait sur l'heure n'est encore exécuté,
« et que les terrains à exproprier sont encore à exproprier, bien que six mois seule-
« ment me séparent du terme assigné à l'achèvement des travaux.

« Pour les carrières à ballast, il y a une simple formalité de prise de possession
« provisoire d'un terrain que nous devons traverser forcément. Cette prise de posses-
« sion provisoire nécessitera devant les autorités compétentes une formalité judiciaire
« d'une heure, et un délai de trois jours pour occuper le terrain. Or, depuis dix mois
« que je réclame sans cesse en vain, aucun agent de la Compagnie n'a encore pu trou-
« ver une seule heure disponible pour accomplir cette formalité essentielle.

« Vous comprendrez aisément, Monsieur le Directeur, que, pressé d'un côté par des
« délais impératifs, et de l'autre par la force d'inertie de la Compagnie, qui paralyse
« mon action sur tous les points de la ligne par ce refus constant de me livrer les ter-
« rains restant à exproprier, et sur lesquels les plus grands travaux restent à exécuter,
« je serai bientôt contraint, à mon grand regret et pour sauvegarder mes droits d'en-
« trepreneur, d'adresser très-prochainement à la Compagnie une mise en demeure
« pour la livraison de ces mêmes terrains.

« Je vous prie de ne pas vous en fâcher, car l'art. 4 de mon traité m'en impose
« l'obligation.

« D'autre part, *la Compagnie ayant actuellement à moi une somme libre de quatre*
« *cent trente et quelques mille francs que je laisse à sa disposition pour faciliter son*
« *service*, j'ai l'honneur de vous prier de vouloir bien ouvrir à M. Plagnol *un crédit*
« *permanent* de 200,000 francs chez un banquier de Cadix, de Séville ou de Jerez, à
« votre choix, et aux meilleures conditions possibles, afin que M. Plagnol, mon agent à
« Cadix, puisse régulièrement assurer le service de mes chantiers.

« Je vous serai très-reconnaissant, Monsieur le Directeur, de vouloir bien accéder à
« cette demande, et de prescrire en même temps, à qui de droit, de hâter, par tous les
« moyens, non-seulement la livraison en mes mains des terrains restant à exproprier,
« mais encore l'envoi officiel à l'Entreprise des plans, coupes et profils des travaux à y
« exécuter, lesquels documents nous ont presque toujours fait défaut jusqu'à ce jour. »

115. Le même jour encore, M. de Kervéguen adresse une lettre analogue à celle
qui précède, à M. Bousson, directeur des travaux de la Compagnie.

116. Le 6 , M. Dephieux, écrit, de Madrid , à M. de Kervéguen , la lettre suivante :

« Voici quel est l'entretien que j'ai eu avec M. Guilhou, et le résultat nul auquel je
« suis arrivé.

« *Entretien d'hier* 5. — En abordant M. Guilhou, je lui ai rappelé les conditions du
« dépôt des 1,200,000 fr. fait chez M. Numa, son frère, à Paris, et j'ai ajouté que ce
« dernier avait dû lui écrire pour lui faire connaître les conditions essentielles de ce
« dépôt, c'est-à-dire l'ouverture d'un crédit mensuel de 400,000 fr., pour faire face
« aux dépenses que nécessiterait l'extension qu'on pourrait donner aux travaux sitôt
« que les terrains des sablières seraient achetés , que les terrains aux abords de San-
« Fernando et ceux de Séville seraient acquis et mis à notre disposition, que les projets
« et instructions pour les travaux d'art des salines, les bâtiments de l'exploitation, etc.,
« me seraient livrés , etc. J'ai ajouté que , d'après les renseignements que j'avais reçus
« d'Andalousie, toutes ces choses allaient nous être remises, et les obstacles que nous
« avons éprouvés jusqu'ici disparaître ; et, qu'en conséquence, 400,000 fr. suffiraient
« à peine pour faire face à toutes les dépenses.

« M. Guilhou m'a répondu très-peu de chose , il m'a prié de revenir le lendemain à
« son bureau, à dix heures, pour arrêter tout cela; M. Muchada, administrateur de la
« Compagnie, beau-frère de M. Barthou et ami intime de M. Lacaze, par l'intermé-
« diaire de M. Barthou, était présent; il m'a fait quelques observations au sujet des tra-
« vaux, il a prétendu que ceux exécutés en régie revenaient très-cher à la Compagnie.
« Ma réponse était très-facile. Je lui ai répondu que si les travaux revenaient à un prix
« un peu élevé sur quelques points, cela tenait à ce que les employés de la Compagnie
« n'avaient aucune idée arrêtée sur l'exécution desdits travaux, qu'on ne pouvait obtenir
« d'eux ni plans, ni instructions pour leur exécution, qu'on marchait à l'aventure ; que
« d'un autre côté, les employés de la Compagnie, surtout sur les sections de Cadix et
« Lebrija, semblaient concentrer leurs efforts à entraver la marche des travaux ; que
« j'ignorais quel était leur but, mais que, dans tous les cas, cette manière de faire était
« préjudiciable aux intérêts de la Compagnie et à ceux de l'Entreprise, mais que néan-
« moins j'étais en mesure de lui établir que les travaux faits par nous coûtaient 20 p. 0/0
« meilleur marché que ceux faits directement par la Compagnie. A cela il a répondu
« qu'il allait en Andalousie, et qu'il le vérifierait. J'ai ajouté que les banquets donnés
« à Cadix et à Jerez, le tintamarre qu'on avait fait à Cadix avec les cloches du chantier
« de la Punta de la Vaca, les balais déposés à l'entrée de nos bureaux à Cadix, les mau-
« vais traitements faits par les employés de la Compagnie à M. Delpon, notre em-
« ployé, etc., etc., prouvaient combien les premiers nous étaient hostiles, et avec quelle
« joie ils avaient repris les travaux, ils s'en étaient emparés sur ces deux sections ; que
« la conduite scandaleuse de ces messieurs à notre égard, conduite qu'il ne devait pas
« ignorer, puisqu'elle avait été blâmée par M. Bousson, en disait assez pour nous ins-
« pirer des craintes très-grandes sur nos relations ultérieures, etc.; et ensuite, me
« tournant du côté de M. Guilhou, car je n'ignorais pas que tout ce que je venais de
« dire ne servirait qu'à irriter M. Muchada contre nous , à cause des relations intimes

« et peut-être intéressées qui existent entre lui, Lacaze et Barthou, me tournant vers
« M. Guilhou, dis-je, je lui ai exposé que son frère de Paris nous avait promis de lui
« écrire pour le prier d'examiner les faits signalés par moi, et de lui recommander d'y
« mettre ordre. C'est après cet. entretien que nous nous sommes séparés ; M. Guilhou
« paraissait gêné en présence de M. Muchada.

« *Entretien d'aujourd'hui.* — J'avais pris connaissance de votre lettre du 27 ainsi
« que des pièces qui l'accompagnent, et j'en ai lu quelques passages à M. Guilhou : je
« lui ai exposé les dommages que nous causait la conduite des employés de la Com-
« pagnie à Cadix et Lebrija-Jerez, etc., etc.; que vous aviez l'intention de demander des
« dommages intérêts pour les faits accomplis, et qu'avant, vous me chargiez de lui en
« parler et de traiter cette question à l'amiable avec lui. Il m'a répondu qu'il regrettait
« vivement que ses agents fussent allés aussi loin, qu'il allait prendre des renseigne-
« ments, et que j'en parlasse moi-même à M. Bousson ; que, quant aux dommages que
« vous vouliez réclamer, il y avait eu des torts de part et d'autre, et que nous devions
« nous en tenir là.

« En ce qui concerne l'ouverture du crédit de 400,000 fr. promis, voici ce qui a été
« décidé ; M. Guilhou a été d'une franchise très-grande, et dont le résultat ne me tran-
« quillise pas du tout. Voici ce qu'il m'a dit :

« Mon frère de Paris a dû vous dire que la Compagnie était extrêmement gênée ; au
« surplus, je sais que vous connaissez les conditions de l'emprunt Galliera, et cela doit
« vous fixer. Hé bien ! il faut que nous mettions au plus tôt la ligne de Séville en exploi-
« tation, mais en se bornant à faire les travaux indispensables ; les autres seront faits
« plus tard. Pour la section de Cadix, il faut se borner à achever les vingt kilomètres
« où la voie est posée, afin que nous puissions toucher la subvention de l'État ; vous
« m'aviez promis à votre passage, il y a trois semaines, que ces travaux seraient finis
« dans un mois, et ils ne le sont pas encore ; je vous prie de veiller à ce qu'ils soient
« terminés au plus tôt. Quant au surplus des travaux de cette section, *vous ferez sem-
« blant de travailler,* vous mettrez seulement quelques ouvriers pour qu'on ne dise pas
« que nous suspendons. »

« Ici j'observai que ces conditions seraient désastreuses pour l'Entreprise, et que j'en
« préviendrais M. de Kervéguen. A cela M. Guilhou a répondu que ce ne serait que
« l'affaire de quelque temps, puisque j'espérais que les vingt kilomètres de Cadix pour-
« raient être livrés dans quinze ou vingt jours.

« M. Guilhou, continuant, m'a dit de ne parler à personne de l'arrangement fait à
« Paris, de ne pas parler du dépôt fait chez son frère, et si l'on me demandait comment
« nous nous étions arrangés à Paris, de dire que le duc fournissait le crédit nécessaire ;
« il a ajouté, en ce qui concerne l'ouverture du crédit, qu'il valait mieux ne pas déter-
« miner aujourd'hui le chiffre, d'aller à Séville causer à M. Bousson et de lui adresser
« ensuite une demande. C'est ce que je vais faire, et je préfère même cela, parce que,
« lui écrivant, M. Guilhou nous répondra par écrit et ce sera une garantie.

« Toutes ces confidences, tout ce que vient de m'exposer M. Guilhou, s'accordent par-
« faitement avec l'entretien que vous venez d'avoir avec M. Numa, et que vous me rap-

« portez par votre lettre du 27. Ce n'est pas du tout rassurant, c'est au contraire très-
« inquiétant, et cela fait regretter le dépôt que vous avez fait à M. Numa. Il faudra faire
« en sorte d'avancer à l'avenir le moins d'argent possible, et je m'arrangerai de manière
« à ne pas faire de traites comme par le passé.

« Je vous enverrai copie de la lettre que j'écrirai à M. Guilhou en arrivant à Séville,
« relativement au crédit. Je m'occuperai aussi des prescriptions de votre lettre. Il n'y a
« rien de vrai dans ce que vous a dit M. Numa au sujet du refus de reprendre les tra-
« vaux. Ces bruits sont dus à la malveillance, et il faut s'armer de courage à l'avenir, car
« nous aurons des ennemis puissants à combattre. »

117. Le même jour, M. Amiel remet à M. Raffin la deuxième partie du profil en long
définitif, en ajoutant : « Vous possédez maintenant toutes les pièces nécessaires pour
« l'exécution des travaux de la voie ; d'un autre côté, le piquetage définitif général est
« exécuté sur toute l'étendue de la section, etc., etc. »

118. Le 7, M. Lacaze adresse à M. Plagnol le dessin du pont de la tranchée de San-
Fernando, pour être mis immédiatement en construction.

119. Le 10, M. Dephieux écrit à M. L. Guilhou, à Madrid, ce qui suit : « M. Bous-
« son espère être en mesure de nous remettre prochainement les terrains nécessaires
« pour l'exécution des travaux aux abords de Séville, ceux où se trouvent les maté-
« riaux nécessaires pour le ballastage de la voie, les plans et instructions nécessaires
« pour l'exécution des gares et bâtiments d'exploitation. Il paraît, en un mot, que tous
« les obstacles qui ont jusqu'ici paralysé nos travaux, ont été levés, et que nous pour-
« rons bientôt leur donner toute l'impulsion qu'ils comportent et que les circonstances
« commandent. — Dans cette prévision, j'évalue à 400,000 fr. les dépenses men-
« suelles nécessitées par le développement que j'espère pouvoir donner à nos chantiers.
« En conséquence, j'ai l'honneur de vous prier, Monsieur le Directeur, de vouloir
« bien me faire ouvrir chez un banquier de Cadix ou de Séville un crédit mensuel de
« 400,000 fr., et de m'indiquer la forme et le délai des remboursements. »

120. Le 12, M. Bousson prie M. Dephieux de se rendre à la Direction, avec le plan
du terrain Montes, car il a rendez-vous pour terminer avec ce propriétaire, et pour
cela il a besoin de causer avec M. Dephieux.

121. Le 13, M. Amiel prévient M. Raffin que la machine en réparation, qui a été
appliquée jusqu'ici aux terrassements de Caolina, recevra, un de ces jours, une autre
destination dont elle ne pourra être détournée sous aucun prétexte ; que la ligne du
Trocadero a pris l'engagement de faire deux trains de traverses par vingt-quatre
heures, du Trocadero à Jerez, avec ladite machine ; que si le service de celle-ci laisse
quelque chose à désirer, on fera exécuter ce travail pour le compte de la Compagnie ;
qu'enfin la plupart des waggons de l'Entreprise sont en mauvais état, qu'il va les examiner, et qu'il fera réparer en régie ceux qui lui paraîtront le plus maltraités.

122. Le 14, M. Raffin répond à M. Amiel qu'il regrette beaucoup la mesure prise pour la destination de la machine affectée aux travaux de Caolina; que, par suite de cette mesure, on sera arrêté et forcé de ne pas travailler de longtemps à cette tranchée ; qu'il va en informer et demander des instructions à M. Dephieux; que le passage de deux trains de traverses par jour va contrarier énormément les travaux de Quincena ; qu'enfin les waggons que le Trocadero a pris pour le transport des traverses ont été réparés par l'Entreprise qui travaille sérieusement à la réparation des autres.

123. Le même jour, M. Amiel écrit à M. Raffin que M. le directeur lui recommande-de mettre l'entreprise en demeure de commencer le ballastage de la voie le plus promptement possible, et de reprendre aussitôt la pose de la voie sans éclisses, puisque la Compagnie a épuisé toutes celles qu'elle avait en magasin.

124. Le 15, M. Bousson signale à M. Dephieux une sablière en face du kilomètre 28, sur le côté gauche de la ligne, dont les sondages déjà faits et reconnus par l'Entreprise accusent l'existence d'un sable de qualité convenable, et en quantité plus que suffisante pour les besoins de la ligne, entre les kilomètres 22 et 34. Il l'invite, en conséquence, à prendre des mesures immédiates pour attaquer cette sablière et ballaster la voie, sur une première couche de 0^m24 d'épaisseur, dans les limites précitées, en commençant par les parties les plus voisines de la sablière. Il ajoute qu'aussitôt que les autres sondages ordonnés seront terminés, il le priera d'aller les reconnaître, et alors il lui remettra un tableau de distribution des diverses sablières que l'on jugera convenable d'utiliser pour la première couche de ballast.

125. Le 16, M. Bousson écrit à M. Dephieux que si, pour ballaster la voie au delà d'Utrera, on ne trouve pas ce qui est nécessaire dans des sablières plus à proximité que celle de M. Montes, la Compagnie ne s'opposera pas à ce que l'on prenne dans cette dernière la quantité nécessaire pour faire le ballast entre Utrera et las Cabezas.

126. Le même jour, M. Bousson rappelle à M. Dephieux qu'il lui a fait donner communication des prix préparés pour les constructions de la gare de Séville, ainsi que des plans de ces constructions, et le prie de lui faire connaître le plus tôt possible s'il accepte ces prix, et de lui transmettre ses propositions quant au délai dans lequel il s'engagerait à faire la gare provisoire et la remise des locomotives. Il ajoute que l'on a également à construire différents ouvrages, pour lesquels il désire savoir si M. Dephieux accepte ou non la série de prix qui lui a été antérieurement proposée pour les ouvrages d'art de la section de Séville, afin qu'il prenne, de son côté, les dispositions nécessaires pour que ce travail marche activement.

127. Le même jour encore, M. L. Guilhou, de Madrid, écrit à M. Dephieux ce qui suit : « J'ai, Monsieur, l'avantage de posséder votre lettre du 10 courant, en réponse

« à laquelle je vous dirai que la Compagnie vous a ouvert chez M. G. Ségovia, à Séville,
« un crédit de 800,000 réaux. Veuillez en faire usage, et lorsque vous prévoirez avoir
« besoin d'un nouveau crédit, je vous le ferai ouvrir ; mais je désire que vous m'aver-
« tissiez au moins quinze jours à l'avance, afin que je puisse prendre mes mesures.
« Vous n'aurez qu'à délivrer vos reçus au susdit banquier contre ses paiements, et
« celui-ci s'entendra, soit avec M. de Kervéguen, soit avec MM. les fils de Guilhou jeune,
« de Paris, ou avec moi. — A cette occasion, je vous recommande de ne pas oublier
« tout ce qui a été convenu entre nous au sujet des travaux. »

128. Le 18, M. Bousson se plaint à M. Dephieux de ce que la pose qui devait être
réglée entre l'embranchement à Puerto-Real et les salines n'est pas même en voie
d'exécution, malgré ses ordres et les promesses réitérées de M. Dephieux ; que l'on
relève le ballast de la seconde voie sur la première, sans exécuter en même temps le
relevage de la pose ; que le complément du ballast ne marche pas, et tout cela faute
de direction de la part de l'entrepreneur, de personnel suffisant, et d'outillage nécessaire
pour la pose de la voie. Il ajoute qu'il doit informer le Conseil d'administration, qu'il
ne peut obtenir de l'entrepreneur l'exécution des travaux les plus simples.

129. Le même jour, M. Dephieux répond à M. Bousson, qu'il a sur le chantier
signalé par ce dernier, seize hommes et soixante ânes occupés au transport du ballast,
et vingt-deux hommes employés au relevage de la voie ; que l'outillage a pu faire
défaut pendant quelques jours, ce qui a causé la faute de relever le ballast de la seconde
voie sur la première, sans relever en même temps la pose, mais que ce fait ne se
renouvellera plus ; que sans doute le ballastage marche lentement avec le mode de
transport que l'Entreprise est forcée d'employer faute de waggons, mais que ce travail
n'est pas tellement urgent qu'on doive le pousser à grands frais ; que néanmoins il prend
l'engagement de l'achever dans la première quinzaine d'août. Il termine en réclamant le profil définitif de cette partie, qu'on lui a promis depuis longtemps.

130. Le même jour encore, M. Dephieux propose à M. Bousson, afin d'activer les
travaux d'achèvement de la muraille de Cadix, d'attaquer ce travail sur plusieurs
points, et le prie de lui dire s'il accepte cette proposition.

131. Le 20, M. Bousson écrit à M. Dephieux que, depuis sept ou huit jours, le chef
de section de l'Entreprise à Lebrija a été invité à prendre des mesures pour commencer
l'exécution du ballast sur la section de Jerez, en prenant du sable à la carrière située
en face du piquet 110, et dans l'ancien dépôt Arrigunaga situé en face du piquet 60 ;
que rien de cela n'ayant été fait, il l'invite de la manière la plus formelle à commencer
le travail du ballastage dans les carrières précitées ; que M. Amiel le mettra en possession des terrains nécessaires, lui remettra les matériaux de pose pour l'établissement
des voies de fer devant conduire à la ligne principale, et lui donnera d'ailleurs toutes les
instructions opportunes.

132. Le 22, M. Bousson adresse à M. Dephieux le projet de charpente du bâtiment pour le montage des waggons à Puerto-Real.

133. Le 25, M. Dephieux accuse réception à M. Bousson du projet ci-dessus, et lui adresse une série de prix pour la construction de ce bâtiment.

134. Le même jour, M. Dephieux répond à la lettre de M. Bousson du 15 relative à la sablière en face du kilomètre 28, en lui disant que le marché qu'il a passé avec MM. de la Aceña et Careño, pour la carrière située en face du piquet 239 à Séville, l'engage de la manière la plus formelle ; qu'il ne peut prendre que chez eux le ballast nécessaire pour la partie comprise entre Séville et Utrera ; qu'en violant cette clause, il s'exposerait à un procès ; et que, pour éviter toute contestation, il croit qu'il vaudrait beaucoup mieux n'employer le ballast provenant de la carrière du kilomètre 28 que dans la partie comprise entre Utrera et le Moron.

135. Le 27, M. Dephieux informe M. Bousson qu'il n'a plus de plaques de joint pour la pose de la voie sur la section de Jerez ; qu'il en a demandé à M. Lacaze qui lui en cède sept cents ; mais qu'il désire savoir si, cette faible provision épuisée, il doit faire continuer la pose sans plaques. Il le prie de le faire avertir du jour où l'on pourra reprendre, sur la section d'Utrera, la pose que l'on a interrompue par suite de la non-construction du pont provisoire du Moron. Enfin, il lui signale que la Compagnie du Trocadero n'emploie pas régulièrement les waggons qu'on a retirés à l'Entreprise, pour le transport des traverses ; qu'il est de toute nécessité de fixer un délai pour l'exécution de ce transport, autrement l'Entreprise sera privée indéfiniment d'un matériel dont le défaut lui cause un grand préjudice.

136. Le même jour, M. Dupin, ingénieur de la Compagnie, prévient M. Plagnol, employé de l'Entreprise, qu'il peut faire travailler à la lacune du piquet 274, laquelle complète l'achat des terrains jusqu'au piquet 284.

137. Le 29, M. Dephieux écrit à M. Lacaze qu'il avait donné l'ordre aux tâcherons de Puerto-Real d'installer un deuxième atelier de relevage à l'extrémité de la voie, vers San-Fernando, mais qu'il lui a été répondu que cela ne se pouvait pas, parce que le nivellement n'était pas fait sur cette partie. Il le prie donc de donner des ordres pour que les opérations de nivellement se complètent au plus tôt.

138. Le 30, M. Dephieux expose à M. L. Guilhou, de Madrid, que le crédit qui lui été ouvert chez M. Segovia, à Séville, sera épuisé du 10 au 15 du mois prochain, et le prie de lui en ouvrir un nouveau pour faire face aux paies des 15 et 20 dudit mois. Il l'informe en même temps, que les 20 kilomètres de voie posée sur la section de Cadix seront en état de réception définitive vers le 10 du mois prochain ; que la voie sera complètement posée, entre Jerez et Séville, vers les premiers jours de septembre ; qu'enfin,

on ne travaille pas encore aux remblais de la gare de Séville ni aux abords du champ de foire, parce que les terrains ne sont pas achetés.

139. Le 31, M. Dephieux demande à M. Lacaze le dessin des passages à niveau de Cortadura et Torre-Gorda, et la cote d'établissement du socle du viaduc elliptique de San-Fernando ; il le prie en même temps de répondre aux propositions de prix qui lui ont été faites pour la construction de ce viaduc.

140. Le même jour, M. Dephieux, par deux lettres séparées, adressées à M. Bousson, l'informe dans l'une, que, pour la pose de la voie définitive dans la section de Lebrija, les chevillettes vont manquer d'ici à six ou sept jours, et le prie d'en faire envoyer d'autres ; il lui transmet, par l'autre, copie d'une lettre de MM. Servoles, tâcherons de la pose définitive de la voie entre Jerez et Séville, lesquels font à l'Entreprise toutes réserves au sujet de la pose sans éclisses, réserves que l'Entreprise fait également à la Compagnie.

141. Le même jour encore, M. Lacaze écrit à M. Dephieux que les travaux en régie de la Punta de la Vaca suivent une marche contraire aux intérêts de la Compagnie ; que la comptabilité laisse beaucoup trop à désirer ; que M. Lafon (employé de l'Entreprise) ne peut plus tenir d'une manière convenable et satisfaisante la direction de cet atelier important ; qu'en conséquence, dans l'intérêt de la Compagnie comme dans celui de l'Entreprise, il a décidé que ce chantier, en ce qui concerne la construction de la muraille et tous les travaux dépendant de l'art. 14 de la série des prix, seront régis et conduits par les agents directs de la Compagnie qui, dès demain, en prendront la direction ; qu'une mesure semblable sera adoptée et lui sera communiquée très-prochainement, pour les travaux qui se font en régie, et d'après l'art. 14 précité, au Santi-Petri et dans la section de San-Fernando.

142. Le même jour aussi, M. Dephieux répond à M. Lacaze qu'il se refuse formellement à accéder aux prescriptions de sa lettre ci-dessus, et qu'il ne lui reconnaît pas le droit ni l'autorité suffisants pour déposséder l'Entreprise ; que, dans l'intérêt même de la Compagnie invoqué par M. Lacaze, il ne croit pas devoir abandonner la construction du mur, attendu que les agents de l'Entreprise l'exécutent beaucoup mieux que ne le faisaient précédemment ceux de la Compagnie ; qu'il économise 20 p. 100 sur le prix de revient des travaux faits déjà par ces derniers, et qu'il s'offre de prouver ce fait.

MOIS D'AOUT 1859.

143. Le 1er août, M. Bousson écrit à M. Dephieux que, par dépêche télégraphique de ce jour, il a donné ordre d'expédier à Jerez douze mille chevillettes nouveau modèle ; que

l'Entreprise fasse saboter ses traverses pour ce nouveau genre de crampons; que le pont provisoire du Moron sera achevé jeudi prochain, et que M. Dephieux prenne ses mesures en conséquence, pour faire reprendre la pose, à partir du Salado vers las Cabezas.

144. Le 4, M. Dephieux informe M. Bousson que les charpentes du pont provisoire du Moron sont insuffisantes pour supporter le passage des machines; que M. Amiel, dans sa tournée d'hier, a reconnu ce fait et a donné des instructions pour faire renforcer ce pont au plus tôt; qu'en conséquence, il va contremander l'ordre donné aux poseurs qui sont à Lebrija de se rendre au Moron.

145. Le 8, M. Amiel, par deux lettres séparées, prévient dans l'une M. Dephieux que le pont provisoire du Moron pour le passage de la machine sera complétement achevé mardi prochain, et l'invite à prendre ses mesures pour l'installation immédiate d'un atelier de poseurs qui du Moron ira à la rencontre de l'atelier de Lebrija; il lui annonce dans l'autre que les difficultés qui se sont un instant produites au sujet de la prise de possession du terrain de Monte-Rey, ont été levées, et l'invite de la manière la plus formelle à commencer dès le lendemain les travaux sur ce point, et à les pousser avec la plus grande activité.

146. Le même jour, M. L. Guilhou, de Madrid, écrit à M. Dephieux ce qui suit : « Je regrette de me voir obligé à vous communiquer les plaintes que je reçois de « MM. Muchada et Tejada sur la lenteur de la marche des travaux, qui doivent être con- « duits, vous le savez, avec une grande activité, pour que la ligne de Séville à Jerez « puisse être mise en exploitation au mois de septembre. Le Conseil d'administration, « comme ces Messieurs, déplore ces lenteurs, et se verra dans la nécessité de prendre « des mesures qui nuiraient aux intérêts de M. de Kervéguen, s'il ne remplit pas l'en- « gagement qu'il a pris de mettre le chemin en état d'être exploité promptement. Je « désire, vous ne l'ignorez pas, que vous continuiez à être chargé des travaux jusqu'à « leur conclusion; mais si, à l'avenir, vous donnez lieu à de semblables plaintes, je vous « préviens que, malgré mon désir de vous être agréable, je me verrai obligé à m'asso- « cier au Conseil d'administration pour l'adoption des mesures qu'exigeraient les cir- « constances, si les travaux n'étaient pas conduits avec plus de rapidité. Pour que vous « puissiez les activer, je vous ai ouvert des crédits qui vous permettent de ne rien né- « gliger, et avec ces éléments je ne devais pas m'attendre à recevoir les plaintes qu'on « m'adresse. J'espère, Monsieur, que vous prendrez vos mesures pour obtenir le résultat « qu'attend la Compagnie, qui a annoncé la mise en exploitation de la ligne de Séville « à Jerez pour le mois de septembre, autrement vous compromettriez gravement ses « intérêts et ceux de M. de Kervéguen. »

147. Le 10, M. Bousson adresse à M. Dephieux les deux lettres suivantes :
Première lettre. — « Le 18 juillet dernier, je vous écrivis que l'organisation de

« votre personnel était complétement et depuis longtemps insuffisante pour les travaux
« que vous aviez à exécuter. — En réponse, vous m'avez fait connaître l'organisation
« provisoire de la section de Puerto-Real à Cadix, et vous m'avez annoncé que vous
« me feriez connaître incessamment l'organisation du personnel de Séville à Jerez. —
« Depuis lors, je n'ai reçu de vous, au sujet de l'organisation de cette dernière ligne,
« absolument aucune communication, et cependant l'importance des travaux à exécuter
« en ballastage et stations, et les délais dans lesquels ces travaux doivent être terminés,
« nécessitaient impérieusement une réorganisation complète. — Les conséquences de
« l'insuffisance de votre personnel et de vos moyens d'exécution se font, en effet, sentir
« à chaque pas et à chacun de vos actes. Le 15 juillet, je vous ai donné l'ordre de faire
« ballaster une première couche entre les piquets 22 et 34, au moyen d'une carrière
« de sable reconnue contradictoirement entre vos agents et ceux de la Compagnie, au
« piquet 28. Aujourd'hui rien n'est encore commencé sur ce point. — Le 15 juillet,
« les difficultés soulevées par M. Montes au sujet du passage sur son terrain étaient
« levées par nous. Le ballast qui devait être extrait de la propriété voisine n'arrive
« pas encore sur la voie. — A la même époque, vous avez reçu l'ordre du chef de la
« section de Jerez de commencer l'exécution du ballast avec la carrière située en face
« du piquet 110, et avec l'ancien dépôt Arrigunaga placé près du piquet 60. — Cette
« dernière invitation vous a été renouvelée par ma lettre du 20 juillet. Rien ou à peu
« près rien n'a été fait sur ce point. — Le règlement du ballast entre Puerto-Real et les
« salines, dont nous vous avons signalé, dès le mois de janvier, l'importance, et que
« vous avez toujours promis de faire à bref délai, n'est pas encore terminé, et s'exécute
« sans soin et sans direction, malgré ma pressante communication du 20 juillet et la
« promesse que vous aviez faite de terminer le 10 du courant. — La pose de la voie
« au delà de Lebrija, par suite de votre imprévision et de celle de vos agents, n'a pas
« été terminée à la date par vous promise à MM. les admininistrateurs, et tout fait
« croire qu'au 1ᵉʳ septembre, autre date fixée par vous pour l'achèvement entier de la
« pose entre Jerez et Séville, ce travail ne sera pas terminé, par suite de l'insuffisance
« de vos moyens d'exécution. — Le 20 juillet, je vous ai annoncé que la Compagnie
« allait incessamment être en possession des terrains de la gare de Séville, et vous ai
« demandé de me faire connaître vos moyens d'exécution pour le cube considérable
« qui doit y être exécuté. — Depuis quelques jours, la Compagnie, au prix de grands
« sacrifices, a obtenu l'entrée en possession des terrains à remblayer et de ceux où doit
« se faire l'emprunt, et vous n'avez pris encore aucune mesure et n'avez à votre dispo-
« sition ni tombereaux ni waggons. — Dès votre retour, c'est-à-dire depuis un mois,
« je vous ai donné communication des projets de bâtiments que la Compagnie se pro-
« pose d'exécuter de suite, et, le 16 juillet, je vous invitais à me faire des propositions
« pour leur exécution sur série de prix. Ce n'est que le 6 août que vous m'avez ré-
« pondu en me communiquant une série de prix inadmissible par son élévation. — De
« tout ce qui précède, il ressort non-seulement l'insuffisance bien constatée du per-
« sonnel de l'Entreprise, mais de plus une résistance calculée à se procurer le matériel,
« les agents et les moyens nécessaires pour l'exécution des ordres de la Compagnie.

« C'est ainsi que l'exécution du ballast, de la pose de la voie et des terrassements de la
« gare de Séville, est paralysée par le défaut de matériel et de personnel d'exécution. —
« L'Entreprise avait promis de profiter de la cessation des travaux du chemin de Cor-
« doue pour y acquérir le matériel, waggons nécessaires aux terrassements et au
« ballast; elle n'en a rien fait; il en a été de même pour les ouvriers spéciaux qu'elle
« aurait pu se procurer sur cette ligne. — Bien plus, elle a laissé se détruire et mettre
« hors de service le matériel considérable mis à sa disposition par la Compagnie, et,
« dans toutes les circonstances, a reculé devant toutes les petites dépenses au moyen
« desquelles elle aurait pu mieux utiliser ce matériel pour l'avancement des travaux.
« Enfin, tout ce qui a été fait dans les différentes sections, a toujours été organisé par
« l'initiative des agents de la Compagnie et non par celle de l'Entreprise, les rôles se
« trouvant ainsi complétement intervertis. — Cette situation ne peut se prolonger plus
« longtemps, et le Conseil d'administration de la Compagnie auquel je l'ai fait con-
« naître, est décidé à prendre les mesures nécessaires pour sauvegarder les graves
« intérêts dont il est chargé, et arriver à remplir ses engagements. Les mesures qu'il
« se propose de prendre d'urgence dépendront des engagements précis que vous pren-
« drez vous-même, dès aujourd'hui, sur l'époque et les conditions d'achèvement des
« travaux nécessaires pour la mise en exploitation. — Je vous écris d'autre part, à la
» date de ce jour, au sujet des bâtiments des gares. »

148. *Deuxième lettre.* — « Dans ma lettre de ce jour, relative à la marche géné-
« rale des travaux, je vous dis que les prix que vous m'avez présentés le 6 août pour la
« construction des bâtiments d'exploitation, sont inadmissibles par leur élévation. Ces
« prix étant en moyenne de 40 à 50 p. 100 au-dessus du prix de revient réel, vous avez
« constaté une fois de plus, en me les adressant, l'insuffisance de votre personnel pour
« l'exécution des travaux en général, et l'absence dans votre organisation de toute per-
« sonne spéciale pour l'exécution des travaux de charpente et bâtiments. — Si cette
« explication n'était pas la véritable, elle indiquerait de votre part la prétention de
« vouloir abuser étrangement de la situation que vous croyez vous faire au moyen
« de votre traité, en imposant à la Compagnie l'obligation d'accepter tout ce que vous
« jugez devoir lui proposer; dans un traité de ce genre, si les obligations n'étaient pas
« réciproques, elles seraient nulles. — Or, par son traité avec vous, la Compagnie qui
« vous assure un bénéfice de 10 p. 100 sur le prix de revient réel des ouvrages, a le droit
« d'exiger que le prix de revient de son entrepreneur ne soit pas supérieur à celui des
« entrepreneurs de la localité. — Les prix que vous m'avez adressés sont tellement
« exagérés, qu'ils dépassent de plus de 25 p. 100 ceux qui me sont offerts par des per-
« sonnes fort recommandables sous tous les rapports, et dont les propositions ren-
« ferment déjà un bénéfice de 20 p. 100 au-dessus du prix de revient, c'est-à-dire
« double de celui que vous attribue le contrat. — La Compagnie vous doit certainement
« la préférence à tout autre, et elle est toute disposée à vous l'accorder; mais cette obli-
« gation de sa part disparaît lorsque vous-même vous vous affranchissez des vôtres, en
« voulant nous faire accepter des prix qui ne sont pas basés sur le prix de revient, qui

« doit être le même pour vous que pour tout autre. — Je n'entrerai avec vous dans
« aucune discussion inutile sur la série que vous avez présentée. Je me borne à vous
« demander si, pour les travaux qu'il conviendra à la Compagnie d'exécuter dans les
« garés, d'après les plans et projets dont vous avez connaissance, il vous convient d'ac-
« cepter les prix ci-après pour les ouvrages terminés et mis en place, tout compris.
« (*Suit le détail des prix.*) — Les prix des ouvrages non prévus dans l'énumération
« ci-dessus seraient fixés ultérieurement. — Veuillez en même temps me faire con-
« naître si vous vous engagez à exécuter dans un délai de deux mois les ouvrages et
« constructions, à partir de la date de la remise des dessins qui vous en sera successi-
« vement faite. — Dans le cas où je n'aurai pas reçu de vous, dans les quarante-huit
« heures, une réponse en tout point satisfaisante, je vous considérerai comme mainte-
« nant les prétentions de votre lettre du 6 août, c'est-à-dire comme refusant d'exécuter
« les obligations de votre contrat, et laissant ainsi à la Compagnie le droit de pourvoir
« directement, et comme elle l'entendra, à l'exécution de ses travaux. »

149. Le 11, M. Dephieux écrit à M. L. Guilhou, à Madrid, ce qui suit :
« J'ai l'honneur de vous accuser réception de votre lettre en date du 8 courant, et je
« m'empresse d'y répondre. — Je m'explique difficilement les reproches de lenteur qui
« sont articulés contre moi, et permettez-moi de vous exposer succinctement la situa-
« tion actuelle des travaux. J'ai l'espoir que ma justification sera complète dès que vous
« aurez lu ma lettre; les faits parlent, et les accusations ou insinuations sans preuves
« sont dès lors facilement réfutées. — Les terrassements sont prêts à recevoir la pose de
« la voie définitive sur toute la ligne de Séville à Jerez, depuis la station de Jerez jus-
« qu'à 200ᵐ environ avant le ruisseau appelé Tamarguillo; à partir de ce point jusqu'au
« champ de foire de Séville, les terrains ne sont pas expropriés. — Le 8 courant, à huit
« heures du soir, j'ai été informé par M. Bousson que les difficultés que la Compagnie
« a rencontrées jusqu'ici pour obtenir les terrains de l'emplacement de la gare de Séville,
« étaient levées, et que ces terrains étaient mis à ma disposition. Nous nous sommes mis à
« l'œuvre immédiatement. Cet atelier n'est pas encore organisé d'une manière complète.
« Le laps de temps qui s'est écoulé depuis que les terrains nous sont livrés ne nous a
« pas permis de suffire aux exigences du travail, mais d'ici à quelques jours nous pour-
« rons marcher rapidement. — La pose de la voie sur la ligne de Jerez à Séville n'a pas
« marché aussi rapidement que je l'avais espéré; c'est, je crois, ce qui a pu contrarier
« MM. Tejada et Muchada, qui désiraient se rendre en machine à las Cabezas le 7 cou-
« rant. Je leur avais promis qu'à cette époque la voie y serait parvenue. Cela n'a pu
« avoir lieu, et en voici les causes : — Les fêtes de Santiago, que je n'avais pas pré-
« vues, nous ont fait perdre deux jours. Les 3, 4 et 5 courant, on n'a pas pu travailler
« par suite d'un retard fâcheux dans l'approvisionnement de chevillettes. La pose a repris
« le 6 août, et depuis lors on avance de 4 à 600 ᵐ par jour. — Du côté d'Utrera, la
« pose est interrompue depuis une vingtaine de jours, parce que le pont provisoire en
« charpente, que la Compagnie a fait construire sur le Salado de Moron, n'était pas ter-
« miné. J'ai été informé qu'il serait terminé et que nous pourrions reprendre la pose de

« ce côté, le 10 au plus tard. En effet, ce pont a dû être achevé hier, et aujourd'hui
« une équipe de mes poseurs doit y être installée pour venir à la rencontre de celle de
« Lebrija. — Ce simple exposé doit vous convaincre, Monsieur le Directeur, que les
« lenteurs, le retard dont on nous accuse dans la pose de la voie, ne sont pas de notre
« fait. Il y a des cas de force majeure qui déjouent toutes les prévisions, et vous com-
« prendrez parfaitement que, dans des travaux de ce genre, on ne puisse pas arriver au
« jour et à l'heure fixés. — Dans le but d'être agréable à la Compagnie, je fais poser
« la voie, sur la section de Lebrija, sans plaques de joints et sans éclisses. Ce genre de
« pose présente quelques difficultés et exige un entretien bien dispendieux. La Compa-
« gnie n'étant pas pourvue de ce petit matériel, je n'ai posé de cette sorte que sur l'ordre
« verbal de M. Bousson. J'ai dû lui faire alors, et par écrit, quelques réserves aux-
« quelles il n'a pas répondu. — Aujourd'hui, en rentrant à Cadix, j'ai trouvé la lettre
« que vous m'avez fait l'honneur de m'écrire le 2 courant, et je vous remercie beaucoup
« de l'ouverture du nouveau crédit. — Soyez persuadé, Monsieur le Directeur, que je
« suis très-désireux, et aussi disposé que qui que ce soit à ne pas compromettre les inté-
« rêts de la Compagnie et de l'Entreprise. J'ai fait ce que j'ai pu pour tenir les promesses
« que j'avais faites. On ne me tient pas assez compte des difficultés et des obstacles que
« j'ai rencontrés. Il est facile de commander aux hommes, mais encore faut-il faire en-
« trer en ligne toutes les éventualités qui peuvent survenir. C'est ce que certaines per-
« sonnes ne veulent pas comprendre. — Quoi qu'il en soit, et malgré le retard de vingt
« jours apporté par le pont du Moron à la pose de la voie, je puis vous affirmer que la
« jonction sera faite, au plus tard, du 10 au 15 du mois prochain. »

150. Le même jour, M. L. Guilhou, de Madrid, écrivait à M. Dephieux ce qui suit :

« Je vous confirme ma lettre du 8 courant. Aujourd'hui je viens insister de nouveau
« sur l'urgence d'activer les travaux sur la ligne de Séville à Jerez, qui doit être livrée à
« la circulation le 21 septembre au plus tard. Sachant que vous appliquez les dépenses
« à des travaux qui ne pressent pas, je vous rappelle la promesse que vous me fîtes de
« presser ceux qui doivent servir à mettre cette ligne en exploitation, et les vingt kilo-
« mètres de la section de Cadix à San-Fernando, pour que la Compagnie puisse perce-
« voir le montant de la subvention. Vous me donnâtes votre parole de ne travailler
« que sur les points que vous désignerait M. Bousson ; depuis lors il s'est dépensé
« 400,000 fr., et nous ne sommes guère plus avancés. Je vois avec peine que vous
« n'avez pas accompli votre promesse, et si j'eusse pu croire que vous nous amuseriez
« ainsi, je n'aurais certainement pas consenti à ce qu'on vous rendît les travaux. —
« Vous vous rappellerez qu'à Chamarin, vous m'affirmâtes que vous aviez donné des
« ordres pour que le ballast fût poussé avec activité sur les vingt kilomètres, m'assurant
« que ces travaux seraient terminés dans le délai de quinze jours, et cette même pro-
« messe vous me la renouvelâtes à votre retour à Madrid, me donnant votre parole
« d'honneur que, comprenant l'intérêt qu'avait la Compagnie de livrer la ligne de Sé-
« ville à Jerez et les vingt kilomètres de Cadix à San-Fernando, vous feriez tout ce que
« nous voudrions. — Vous comprendrez que si vous continuez à employer notre argent

« en travaux inutiles pour le moment, et qu'on fera plus tard, nous serons autorisés à
« croire que vous n'avez pas l'intention de remplir vos engagements, et qu'une plus
« longue tolérance de notre part serait, pour ainsi dire, permettre qu'on se moque de
« nous. — Je vous engage donc, dans vos propres intérêts, à réfléchir mûrement aux
« conséquences de la direction que vous donnerez aux travaux, à l'avenir. Je ne saurais
« trop insister sur ce point, que si vous ne suivez pas la ligne que je vous trace et ne
« tenez pas compte de mes avertissements, je me verrai, à mon grand regret, obligé de
« renoncer à vous défendre. »

151. Le 12, M. Dephieux adresse à M. Bousson les deux lettres suivantes :
Première lettre. — « J'ai l'honneur de vous accuser réception de votre lettre en date
« du 10 courant, par laquelle vous m'exposez tous les griefs que vous avez à reprocher
« à l'Entreprise, et dont la plupart ont lieu de me surprendre. J'aurais certes le droit
« de vous répondre de la même manière, et de grouper dans ma lettre tous les faits qui
« ont souvent motivé mes réclamations à MM. les ingénieurs de la Compagnie ; ces faits
« vous démontreraient jusqu'à l'évidence que, pendant les dix premiers mois de son
« séjour en Espagne, l'Entreprise n'a pu rien faire, et a par là même perdu un temps
« précieux faute de la livraison des terrains et de la remise par la Compagnie des plans,
« types et profils nécessaires à l'exécution des travaux. Aujourd'hui que la Compagnie,
« pressée par d'impérieuses nécessités, se trouve forcée d'arriver brusquement au but,
« elle se rejette sur l'Entreprise, et lui assigne un délai et des mesures qui violent le
« contrat intervenu entre les deux parties. L'Entreprise, pour être agréable à la Com-
« pagnie, s'est engagée et s'engage même encore aujourd'hui à ne rien négliger pour
« atteindre le terme assigné ; mais il faut lui tenir compte des difficultés et ne pas exi-
« ger impérieusement, et par une sorte d'ultimatum, ce que ne l'on ne devrait obtenir
« que de sa bonne volonté. Il ne faut pas lui dire : vous n'avez pas un personnel suffi-
« sant pour vos travaux, le matériel vous manque, etc. L'Entreprise peut vous répondre
« que, par son traité signé au mois de juillet 1858, elle s'est engagée à terminer les
« travaux pour le 1er janvier 1860, et si la Compagnie avait été en mesure de lui four-
« nir en temps opportun les terrains et tous les documents nécessaires, le personnel et
« le matériel de l'Entreprise auraient largement suffi à toutes les exigences du service.
« Ceci peut se démontrer preuves en mains et faits à l'appui. — Mais laissons de côté,
« Monsieur le Directeur, ces considérations sur lesquelles il sera toujours temps de
« revenir plus tard, s'il y a lieu. Je reprends les différents points de votre lettre du
« 10 août, et je tiens à vous convaincre que, puisque je me suis engagé vis-à-vis de la
« Compagnie à arriver dans le délai qui lui est assigné, j'ai pris des mesures suffisantes,
« et que je ne mérite pas les divers reproches de lenteur, d'insuffisance ou d'incapacité
« que vous adressez à l'Entreprise. »
« En principe, vous admettrez que, devant faire en deux mois un travail pour le-
« quel nous en avions quinze et il nous en reste encore cinq, il en résulte des frais
« beaucoup plus considérables pour l'Entreprise, sans que pour cela il y ait modifica-
« tion dans les prix. — On demande beaucoup à l'Entreprise ; et si, en prévision du

« surcroît de frais que nécessite une exécution rapide, elle présente quelques prix un
« peu élevés, on se récrie vivement. De telle sorte que la Compagnie, en demandant des
« sacrifices, ne voudrait pas en faire elle-même. Mais je ne m'arrête pas sur ce point;
« j'ai eu depuis l'origine un personnel fort nombreux et fort coûteux, eu égard au peu
« de travail qu'il m'a été possible de faire, et je le crois suffisant pour répondre à tous
« les besoins du service. Dans tous les cas, je puis l'augmenter graduellement selon l'ex-
« tension du travail.—La carrière à ballast, au piquet 28, à Utrera, pourra sous peu être
« exploitée. J'ai fait faire, comme vous le savez, des sondages qui établissent que cette
« carrière n'a en moyenne qu'un mètre de profondeur, et ne fournira qu'un ballast de
« mauvaise qualité. Le tracé et le nivellement du chemin d'accès, ainsi que le cube
« total du ballast que produira cette sablière, ont été faits par les soins de M. Plagnol.
« Je vous ai communiqué le tout le 7 courant, à Séville, et il a été convenu qu'on
« jetterait une voie dans la carrière, quoique les frais de cette voie ne soient point en
« rapport avec la quantité du ballast à extraire. L'installation de cette voie a dû com-
« mencer hier. — Je sais que les difficultés soulevées par M. Montes de Séville, pour le
« passage sur son terrain, ont été levées le 15 juillet; immédiatement on s'est mis à
« l'œuvre, mais il a fallu construire un chemin d'accès de douze cents mètres de lon-
« gueur pour la voie, et ouvrir la galerie dans la sablière. On n'a pas perdu de temps.
« La machine a dû entrer aujourd'hui même en carrière. — A Jerez, le ballastage est
« commencé avec la carrière située en face du piquet 110; on y travaille au tombereau
« depuis huit jours. — Je fais faire le tracé et le nivellement du chemin dans la car-
« rière du piquet 60 (ancien dépôt Arrigunaga). Nous aurons là quelques difficultés
« dont on ne s'est pas jusqu'alors rendu compte. Je vous les remettrai dès que j'aurai
« les documents que j'attends prochainement. — Le règlement du ballast entre Puerto-
« Real et les salines serait terminé si j'avais pu avoir un profil bien arrêté. Depuis un
« mois, on n'a travaillé qu'à tâtons dans toute cette partie. Un de mes agents a levé
« des profils qui vous ont été remis. Ce travail a été refusé et qualifié d'inexactitude
« volontaire. Les profils ont été refaits par les soins de la Compagnie et modifiés de-
« puis à maintes reprises. — Voici ce que m'écrit, à la date du 8 courant, l'agent de
« l'Entreprise, à San-Fernando : « D'après le nouveau nivellement fait par la Compa-
« gnie le 6 de ce mois, il résulte qu'il a fallu baisser la voie d'environ 30 cent. entre les
« piquets 85 et 86, et qu'il a fallu, au contraire, la relever de près de 1 mètre de hauteur
« entre les piquets 108 et 112. » Ces travaux étaient déjà parfaitement réglés d'après le
« nivellement antérieur. Si, à la date du 6 courant, on est forcé de faire de pareilles
« modifications, il y a mauvaise grâce à me reprocher de ne pas terminer le travail et
« de ne pas tenir ma promesse pour le 10. Faute de profil en long bien arrêté, que je n'ai
« jamais pu obtenir malgré mes réclamations réitérées, le même inconvénient s'est ré-
« produit à San-Fernando vers le piquet 125. — La pose de la voie sur la section de
« Lebrija a subi trois ou quatre jours de retard par suite d'une imprévision dans l'ap-
« provisionnement des chevillettes. Mais j'ai l'honneur de vous faire remarquer, Mon-
« sieur le Directeur, que si je n'arrive pas pour le 1ᵉʳ septembre à terminer la pose
« entre Jerez et Séville, comme je l'avais promis, la faute ne peut pas peser tout en-

48

« tière sur l'Entreprise. Le pont provisoire en charpente sur le Salado du Moron, pont
« qui a été fait directement par les soins de la Compagnie, nous a forcés de suspendre
« notre pose pendant vingt jours, et a retardé d'autant la marche à l'encontre de l'é-
« quipe de Lebrija. — Par ma lettre en date du 28 juillet, je vous demandais un ordre
« écrit pour continuer la pose de la voie, sur la partie de Lebrija, sans éclisses et pla-
« ques de joints, et je vous faisais, au nom de l'Entreprise, toutes réserves pour les
« éventualités qui peuvent résulter de ce mode de pose, et en même temps pour le sur-
« croît de frais d'entretien qu'elle nécessitera. Le placement ultérieur des éclisses devra
« en même temps modifier le prix de pose de voie porté sur l'analyse. — Permettez-
« moi, Monsieur le Directeur, de revenir sur ces questions, et de vous prier de me ré-
« pondre à ce sujet. Je suis forcé de mettre ma responsabilité à couvert. En même
« temps, je vous serai très-obligé de donner des ordres pour que tous les croisements
« qu'on a pu recevoir dernièrement soient mis à ma disposition. Le manque de ce ma-
« tériel contrarie beaucoup notre marche sur une voie unique où nous avons en ce
« moment plusieurs machines. — Le 8 courant, à dix heures du soir, vous m'informez
« que la Compagnie est en possession de la gare de Séville, c'est-à-dire des terrains à
« remblayer et de ceux où doit se faire l'emprunt ; vous m'invitez à commencer immé-
« diatement, d'abord au moyen de tombereaux, puis, plus tard, j'aurais à me servir
« des waggons, quand il nous sera possible de jeter une voie dans la rue San-Bernardo.
« De telle sorte qu'il m'eût fallu acheter des tombereaux pour une somme assez consi-
« dérable, afin de ne pas retarder le travail, puis ensuite y renoncer dans quelque
« temps pour employer des waggons. Je comprends toute l'importance qu'il y a à pous-
« ser ce travail, mais encore faut-il que l'Entreprise ne fasse pas à l'avance des ma-
« nœuvres et des dépenses inutiles. Dès le lendemain de votre avis, nous avons com-
« mencé le travail avec les tombereaux et les mules dont je disposais.— J'apprends au-
« jourd'hui qu'il est fort difficile de se procurer des tombereaux, et que le remblai se fait
« provisoirement avec des ânes. On m'annonce même que nous allons être arrêtés par
« autorité de justice.—Quoi qu'il en soit, je m'engage à marcher rapidement au moyen
« de waggons, dès que nous pourrons installer une voie dans la rue San-Bernardo. —
« Votre lettre du 10 courant se termine en disant que ce qui a pu se faire dans les dif-
« férentes sections a toujours été organisé par l'initiative de MM. les agents de la
« Compagnie, et que par là même les rôles se trouvaient intervertis. Je ne puis pas sur
« ce point me ranger à votre avis, et admettre que le mérite du peu de travail qui s'est
« fait jusqu'ici puisse revenir à vos chefs de section qui m'ont toujours laissé sans plans,
« documents et instructions nécessaires. Ma correspondance prouvera, dès l'origine, de
« cet état de choses, et que j'ai souvent travaillé à tâtons et sur de vagues renseigne-
« ments, mutilant le lendemain ce que j'avais fait la veille. Vous savez, Monsieur le
« Directeur, qu'aujourd'hui encore je n'ai rien de complet, ni comme profils, ni comme
« plans d'ouvrages d'art ; je n'ai rien, en un mot, de ce qu'il faut pour permettre à un
« entrepreneur de marcher d'une manière sûre. Il n'est pas étonnant alors que j'aie dû
« recourir fort souvent à vos agents pour leur demander des renseignements, et c'est
« sans doute par ce motif qu'ils revendiquent l'initiative dans les travaux, l'honneur du

« peu qui s'est fait. Si j'avais eu un dessin complet, une règle bien tracée d'avance et
« surtout bien arrêtée, j'aurais marché sans tâtonner, et les agents de la Compagnie
« auraient eu simplement à surveiller l'exécution, sans que je fusse obligé de les harceler
« incessamment pour obtenir des instructions et des documents, lambeau par lambeau,
« sans que, dans plusieurs cas, j'eusse eu à me plaindre de leur mauvais vouloir, et je
« m'abstiens de vous prévenir de certains faits qui dénotent une opposition systématique
« que vous connaissez, et qui bien certainement est contraire à vos vues et aux intérêts
« de tous. Je ne veux pas entrer dans la voie des récriminations ; j'aime mieux vous
« prier de m'aplanir, par l'appui de votre bon vouloir et de votre autorité, tous les
« obstacles que je pourrais rencontrer désormais chez vos agents ; mon seul désir est
« d'être agréable à la Compagnie et de faire tout ce qui sera en mon pouvoir pour ac-
« tiver la marche des travaux, mais quant à prendre un engagement précis, fixe, de la
« remise des travaux de l'Entreprise, je ne puis pas le faire de mon chef et sans consulter
« M. de Kervéguen, signataire d'un contrat qui lui laisse toute latitude jusqu'en 1860 :
« il ne m'appartient pas de changer, de mon autorité privée, aucune clause de ce
« traité. Aujourd'hui même je m'en réfère à M. de Kervéguen en lui envoyant copie de
« votre lettre, et j'attendrai sa réponse pour me prononcer ; ce sera à lui de décider ce
« qui reste à faire. — Quant à votre seconde lettre concernant l'analyse des prix des
« bâtiments de stations, j'y réponds d'autre part, et j'espère qu'il nous sera possible
« d'arriver à nous entendre au moyen de certaines concessions mutuelles que je me
« propose de vous soumettre. »

152. *Deuxième lettre.* — « J'ai l'honneur de vous accuser réception de votre lettre
« en date du 10 courant, par laquelle vous me communiquez une analyse de prix pour
« l'exécution des bâtiments de stations, en m'imposant l'obligation de vous répondre
« dans les quarante-huit heures, si je consens à faire ce travail dans un délai de deux
« mois et aux prix fixés par vous. En un mot, vous me demandez une acceptation pure
« et simple, et sans la moindre discussion. Cette manière de procéder est inadmissible.
« Malgré tout mon bon vouloir, je ne puis, dans un délai si court de quarante-huit
« heures, accepter ou refuser des prix qui ne sont rattachés à aucune base. Avant de
« me prononcer, il est indispensable que je connaisse les projets détaillés des ouvrages,
« et que je puisse consulter un devis complet qui règle le mode de construction, la
« désignation des carrières où peuvent être pris les matériaux, les dosages des mor-
« tiers, etc. — Les propositions que j'ai eu l'honneur de vous adresser sont basées sur
« les prix payés par la Compagnie elle-même depuis l'origine des travaux et avant l'ar-
« rivée de l'Entreprise. Je me suis rigoureusement tenu dans l'esprit des articles 14 et
« 19 de l'analyse annexée au contrat, lesquels prévoient des expériences qui par le fait
« peuvent se constater d'une manière complète au moyen des pièces comptables signées
« par les agents de la Compagnie, et des situations établies jusqu'à ce jour. — Cepen-
« dant, et nonobstant les bases sérieuses sur lesquelles mes prix sont établis, je con-
« sens à revenir sur ceux que j'ai eu l'honneur de vous proposer, et je vous prie de
« considérer mon analyse, que vous n'avez pas même voulu discuter, comme non

« avenue. — Mais, tout en retirant la mienne, il m'est impossible d'accepter la vôtre,
« et votre refus verbal de procéder à une fixation de prix sérieux, soit à l'aide de do-
« cuments qui établissent le coût des travaux déjà exécutés, soit en discutant les dimi-
« nutions que l'on peut obtenir en travaillant sur une grande échelle, m'imposant
« l'impérieuse obligation de ne pouvoir m'engager d'une manière aussi formelle et
« catégorique que vous le demandez, qu'autant que les dessins d'exécution et devis à
« compléter me seront communiqués, je fais toutes réserves de fait et de droit contre
« la Compagnie, dans le cas où elle prendrait des mesures contraires à la lettre du con-
« trat, et je constate que le nécessaire n'a pas été fait vis-à-vis de l'Entreprise pour la
« mettre en mesure d'accepter en toute connaissance de cause les conditions de prix
« et de délais qui seraient une dérogation au traité précité. — L'Entreprise ne refuse
« pas de se prêter à cette dérogation, mais elle ne peut pas consentir à le faire au dé-
« triment de ses intérêts, et en subissant les conditions onéreuses qu'on lui impose
« d'office, et sans vouloir discuter. — J'ai l'honneur, Monsieur le Directeur, de vous
« prier de m'accuser réception de la présente lettre. »

153. Le 13, M. Bousson répond à M. Dephieux ce qui suit : « N'ayant pas reçu de
« réponse à mes lettres du 10 courant dans les délais qui y étaient fixés, je viens vous
« informer que le Conseil d'administration de la Compagnie voyant que sur tous les
« points vous êtes en retard, et que vous n'avez pris aucune des mesures qui auraient
« pu vous mettre à même de terminer les travaux de construction des gares provisoires
« dans un délai convenable, comme aussi pour les exécuter à des prix admissibles
« pour la Compagnie, a jugé qu'il était de son droit et de son devoir de prendre une
« décision de nature à sauvegarder les intérêts qui lui sont confiés. — En conséquence,
« la Compagnie vient de traiter directement pour les bâtiments des gares à construire
« pour la mise en exploitation, avec MM. Gomez et Macpherson. Nous nous en référons
« d'ailleurs aux motifs développés dans nos lettres précitées.

154. Le 14, M. Bousson, par deux lettres séparées, accuse réception à M. Dephieux
de ses deux lettres du 12, ci-dessus relatées, lesquelles, dit-il, par erreur sans doute,
n'ont été remises à son hôtel que le 13, vers les six heures du soir, après l'envoi de sa
lettre concernant la décision prise par le Conseil d'administration pour la construction
des bâtiments provisoires des gares. Il confirme le contenu de cette dernière lettre, et
répond d'une manière générale aux observations de M. Dephieux. Il termine en faisant
toutes réserves de produire, s'il y a lieu, avec plus de détails, les faits et documents
qui ont donné à la Compagnie le droit de prendre les mesures qu'il a notifiées
hier.

155. Le 16, M. Dephieux répond au reproche que lui a adressé M. Bousson, de
n'avoir rien fait pour le matériel de waggonnage de Cordoue, en l'informant qu'il a
acheté les trente meilleurs waggons à ballast que possédait M. Mamby, et qu'ils seront
rendus à pied d'œuvre pour procéder aux réparations qui peuvent être nécessaires. En at-

tendant que l'opposition qui pèse sur l'emprunt de Monte-Rey soit levée, il le prie d'obtenir du gouvernement l'autorisation de poser une voie dans la rue San-Bernardo, de manière à pouvoir presser le remblai de la station de Séville aussitôt qu'on aura résolu les difficultés qui s'opposent aujourd'hui à l'exécution de ce travail. Enfin, il lui demande la coupe en long des ateliers de Puerto-Real, ainsi que les croquis des dragues verticales pour le pont de Santi-Petri, et l'autorisation d'employer les rails d'une longueur inférieure à 6 ^{m} qui sont en dépôt à Jerez, ce qui avancerait toujours un peu la jonction des deux bricoles occupées à la pose de la voie.

156. Le 17, M. Dephieux propose à M. Bousson un prix par mètre cube de ballast provenant de la carrière du piquet 60 à Jerez (ancien dépôt Arrigunaga). Il ajoute qu'en attendant que la Compagnie puisse mettre des croisements à sa disposition, il voudrait commencer l'exploitation de cette carrière au moyen d'ânes ou de tombereaux, et le prie de lui donner l'autorisation d'enlever d'abord le dépôt qui est approvisionné.

157. Le même jour, M. Dephieux écrit à M. L. Guilhou, à Madrid, ce qui suit :
« J'ai l'honneur de vous accuser réception de votre lettre en date du 11 courant, par
« laquelle vous insistez sur l'urgence qu'il y a à activer les travaux de la ligne de Sé-
« ville à Jerez. — Je puis vous assurer que l'Entreprise comprend parfaitement qu'elle
« doit faire tous ses efforts pour complaire à la Compagnie. La pose de la voie s'avance
« rapidement malgré les difficultés qui résultent de l'approvisionnement du matériel.
« Nous ne reculons devant aucuns frais, devant aucun sacrifice, pour éviter tout re-
« tard et toute interruption. Les terrassements des tranchées de Caolina, Quincena et
« Socolin, sont poussés avec vigueur. L'Entreprise a près de sept cents hommes sur
« ces trois points. Le ballastage est commencé sur différents points de la ligne. En un
« mot, tout me fait espérer que pour le 10 ou le 12 du mois prochain, les machines
« circuleront sans interruption depuis Jerez jusqu'au piquet 102, c'est-à-dire un kilo-
« mètre avant d'arriver au champ de foire de Séville. Cette lacune n'est pas encore ex-
« propriée.—Malheureusement, Monsieur le Directeur, on ne tient pas compte à l'Entre-
« prise de son bon vouloir ; on la harcèle sans relâche par de mesquines tracasseries.
« MM. les ingénieurs des travaux voudraient qu'un travail fût organisé et achevé presque
« aussitôt qu'ils ont donné l'ordre de le commencer. Ce sont des plaintes perpétuelles sur
« notre lenteur et sur l'insuffisance de nos moyens. Il y a là injustice. Quand une Entre-
« prise venue depuis près d'une année en Espagne avec un personnel considérable et très-
« coûteux, est restée pendant dix mois dans une inaction presque complète, faute de
« plans de travaux, de profils bien arrêtés, de documents et d'instructions suffisants que
« je n'ai jamais pu obtenir de MM. les ingénieurs, il y a mauvaise grâce à l'accuser de
« lenteur et d'insuffisance. Elle comptait, pour livrer ses travaux, sur un laps de temps
« fixé par son contrat, sur un délai moral sérieux, et ses moyens étaient suffisantes pour
« atteindre ce but. Mais, au bout de dix mois d'attente, on vient lui dire brusquement :
« il faut qu'en deux mois la section de Séville à Jerez soit livrée à l'exploitation. Elle

« ne fait, toutefois, aucune objection ; le travail est poussé activement. Si quelques obs-
« tacles et quelques embarras surviennent, on se plaint, on crie bien haut à l'impuis-
« sance. Je dois même ajouter, Monsieur le Directeur, que le Conseil d'administration,
« trompé par des rapports empreints d'exagération, donne l'ordre, au mépris du con-
« trat signé à Paris, d'enlever à l'Entreprise, pour les donner à d'autres, des travaux
« fort importants dont l'exécution rentre de plein droit dans le marché précité. — C'est
« ainsi que les bâtiments provisoires d'exploitation sont donnés à MM. Gomez et Mac-
« pherson, sous le prétexte que les prix dressés par moi sont trop élevés, et qu'on
« trouve à faire faire le travail à meilleur compte. M. le directeur Bousson m'écrit le
« 10 courant, me propose une analyse de prix avec un délai de deux mois pour l'exé-
« cution, et m'accorde quarante-huit heures pour lui répondre. Cette communication
« m'est faite sans être accompagnée des plans, devis estimatifs et documents nécessaires
« pour se rendre un compte bien exact de ce travail. Je demande une conférence pour
« discuter cette analyse de prix, et j'étais fort disposé à m'entendre avec M. Bousson ;
« j'insiste pour que cette discussion ait lieu immédiatement; on me refuse; on ne veut
« pas entrer en conférence avec l'Entreprise; c'est un ultimatum qu'on lui pose. Je ré-
« ponds, le 12 au soir, à M. le directeur des travaux, que je ne puis pas accepter ses
« prix sans discussion et entente préalable, sans connaître les plans et devis d'exé-
« cution, et je fais toutes réserves pour le cas où la Compagnie donnerait ce travail à
« tout autre. Le lendemain, on m'informe que, par décision du Conseil d'administra-
« tion, la Compagnie vient de sous-traiter l'exécution des bâtiments provisoires aux
« sieurs Gomez et Macpherson. C'est là une mesure illégale, arbitraire (pardonnez-moi
« cette expression). Je suis convaincu, Monsieur le Directeur, que ce fait est entière-
« ment indépendant de votre volonté, ou bien qu'on aura surpris votre religion et
« votre loyauté. — Votre lettre du 11 août me reproche de pousser activement cer-
« tains travaux qui ne pressent pas, et de négliger les plus urgents, ceux que je me
« suis engagé à livrer le plus promptement possible. Je crains qu'ici encore on ne vous
« ait mal renseigné. La partie comprise entre Cadix et San-Fernando était complète-
« ment terminée dès les premiers jours de ce mois. Par suite de rectifications faites
« dans le nivellement par les agents de M. l'ingénieur de la section, il y a eu quelques
« modifications à apporter dans le ballastage et le relevage de la voie. Ce travail est
« achevé; MM. les ingénieurs du gouvernement en ont fait aujourd'hui la réception.
« Il en est de même de la section de Puerto-Real aux salines. Malgré les nombreuses
« modifications qui ont eu lieu dans cette partie, pour laquelle je n'ai jamais pu avoir
« de profil, le ballastage et le relevage de la voie sont achevés. Le 6 de ce mois, les
« agents de M. Lacaze ont modifié le profil de certains piquets. Par suite de cette tar-
« dive opération, il a fallu, dans certains endroits, baisser la voie de 1^m, et la relever
« de $0^m,60$ dans d'autres. Cette fausse manœuvre qui n'est pas de notre fait, nous a
« causé quelques jours de retard. — J'aurais voulu, suivant la promesse que je vous ai
« faite à Madrid, diminuer les dépenses de certains ouvrages dont l'urgence n'est pas
« immédiate, notamment des travaux de la baie de Cadix. J'ai eu la main forcée à ce
« sujet. On m'a accusé de lenteur, on a même essayé de retirer à l'Entreprise la direc-

« tion de ce travail, sous prétexte qu'elle ne marchait pas. Ma correspondance vous
« prouvera au besoin le fait que j'avance. — Croyez-le, Monsieur le Directeur, la bien-
« veillance que vous m'avez toujours témoignée me fait un devoir de considérer vos
« désirs comme des lois. Si je ne puis pas constamment m'y rendre d'une manière aussi
« complète que vous le désirez, la faute n'en est pas à ma bonne volonté. Vous n'igno-
« rez pas que j'ai eu souvent à lutter contre des difficultés fâcheuses. J'entrevois aujour-
« d'hui que ces luttes deviendront plus vives ; je le regrette beaucoup. Mais soyez per-
« suadé que, de mon côté, tout en sauvegardant les intérêts de l'Entreprise, j'apporte-
« rai partout la modération et la conciliation les plus complètes. »

158. Le même jour encore, M. Bousson écrit à M. Dephieux qu'il vient d'arriver en
baie de Cadix un navire chargé de 2,346 rails nouveau modèle, et le prie de les envoyer
à Lebrija.

159. Le 19, M. Dephieux prie M. Lacaze de donner des ordres immédiats pour que
les rails qui viennent d'arriver en baie de Cadix, soient débarqués et expédiés à Jerez,
de manière à ne pas arrêter la brigade de poseurs qui va dans le sens de Séville.

160. Le même jour, M. Lacaze répond à M. Dephieux que les ordres qu'il réclame
pour les rails ont été déjà donnés. Ayant appris que les chevillettes vont manquer, il
autorise M. Dephieux à faire recueillir toutes celles qui sont sur les divers dépôts, pour
les expédier à Jerez, et d'en garder seulement 2,000 pour la tranchée de San-Fernando,
jusqu'à l'arrivée des chargements annoncés.

161. Le 22, par deux lettres séparées, M. Lacaze remet à M. Dephieux : 1° le plan
général du hangar à waggons de Puerto-Real, qui, avec les trois autres transmis le
12 de ce mois, forment l'ensemble des dessins nécessaires pour l'établissement de la
charpente de cet édifice ; 2° les dessins des ponts de l'Aguila et de Boca de Labé.

162. Le même jour, M. L. Guilhou, de Madrid, écrit à M. Dephieux ce qui suit :
« Votre lettre du 17 s'est croisée avec la mienne du 18 courant, et, de même que
« celle que vous m'avez adressée le 11, ne détruit pas les observations que je vous ai
« faites dans mes lettres précédentes sur la mauvaise direction donnée aux travaux, avec
« un oubli complet des engagements pris ; de plus, votre lettre du 17, à laquelle je ré-
« ponds, laisse subsister sans réplique les reproches fondés que votre inqualifiable con-
« duite m'a autorisé à vous faire. — Je remarque dans votre correspondance un soin
« extrême à insister et à reproduire des accusations non motivées contre les agents de
« la Compagnie que j'ai l'honneur de représenter, mettant de côté avec intention l'aide
« désintéressée et l'appui généreux qu'on vous a prêtés, ainsi qu'à vos employés, aide
« et appui qui vous ont mis à même de continuer une entreprise abandonnée déjà faute
« de ressources. — Connaissant la correspondance qui a été échangée entre vous et les
« représentants de la Compagnie, ma conscience m'impose le devoir de vous manifester

« que je suis décidé à soutenir la raison et le droit qui assistent mes agents, et à ne re-
« trancher ni une syllabe ni une idée seulement, dans l'esprit et dans le texte de mes
« communications antérieures. — Celui qui a manqué une fois à sa parole solennelle-
« ment engagée, ne peut s'attendre à être cru sur de simples protestations. Les faits seuls
« peuvent modifier mon opinion, et c'est seulement des faits que j'attends. »

163. Le 23, M. Dephieux prie M. Bousson de lui faire remettre copie du profil en
long définitif des sections de Séville et d'Utrera, qui lui permettra de faire le relevage
de la voie d'une manière prompte et avec des données bien arrêtées. Il ajoute qu'avec
la quantité de rails que l'on vient de débarquer au Trocadero et expédier sur Jerez, on
ne peut poser que 2,300 ^{m} de voie, et que, dans quatre jours, la pose sera arrêtée sur
la partie de Lebrija faute de matériel.

164. Le même jour, M. Lacaze invite M. Periès à faire avec lui une tournée, le sa-
medi prochain, pour déterminer les emplacements des divers ouvrages à exécuter dans
les salines. Il ajoute que le remblai du caño de Higarón ne pourra se commencer que
lorsqu'on sera en possession de la Isleta, dont l'acte de vente n'est pas encore signé.

165. Le même jour encore, M. Bousson écrit à M. Dephieux ce qui suit :
« J'ai appris par M. Amiel, chef de la section de Jerez, que les remblais dans les
« marais, du piquet 606 au piquet 667, que vous aviez reçu l'ordre d'exécuter au
« moyen de chambres d'emprunt, en profitant de la sécheresse, ont été exécutés d'une
« manière tout à fait insuffisante. — Vous n'avez pas eu soin de donner au profil la
« hauteur pour parer aux tassements inévitables, ni la largeur qui vous était fixée
« par le profil en travers normal à une voie, lequel vous avait été régulièrement remis
« avant le commencement du travail. — Cette infraction aux ordres donnés est double-
« ment coupable de votre part ; elle compromet la sécurité du service, et rend impos-
« sible la pose du ballast ; elle est le résultat d'un calcul de votre part, pour vous faire
« un bénéfice au détriment de la Compagnie, en faisant payer des transports éloignés.
« — Je ne comprends pas que vous ayez un instant pensé que l'on pouvait admettre
« un pareil système, et que vous ayez commis la faute regrettable d'avoir laissé ina-
« chevés les travaux des marais et de suspendre vos chantiers. — Non-seulement je
« vous confirme les ordres donnés, en vous invitant à mettre immédiatement les ouvriers
« nécessaires pour compléter, au moyen de chambres d'emprunt, l'achèvement des
« remblais, de manière qu'après tassement ils présentent exactement le profil transversal
« qui vous a été donné pour l'exécution de ce travail ; mais, en outre, je vous rends respon-
« sable de toutes les conséquences qui pourront résulter de l'inexécution des ordres de
« la Compagnie, et de tout l'accroissement de dépenses que pourra causer le retard que
« que vous avez mis à la bonne exécution de ce travail. — Je vous déclare de plus que
« si, dans le délai de cinq jours, vous n'avez pas réorganisé sur les plus larges bases le
« travail, de manière à le terminer avant les pluies, la Compagnie traitera directement
« pour l'exécution de ce travail, faisant à votre égard toutes les réserves utiles. »

166. Le 24, M. Amiel annonce à M. Dephieux que l'on s'occupe à dresser une copie du profil en long définitif des sections de Séville et d'Utrera, et qu'il recevra cette pièce dans un très-bref délai.

167. Le même jour, par dépêche télégraphique et par lettre, M. Bousson prévient M. Dephieux qu'il y a en baie de Cadix, depuis le 22 au soir, un nouvel arrivage de 1,127 rails; qu'il a donné de suite l'ordre de les débarquer au Trocadero; qu'en conséquence M. Dephieux fasse le nécessaire pour les expédier directement à Lebrija avec les éclisses et boulons qui sont de ce côté.

168. Le même jour encore, M. Dupin, ingénieur de la Compagnie, envoie à M. Plagnol, employé de l'Entreprise, le plan des terrains appartenant à M. le marquis de Castillejos, et lui dit qu'il peut y faire travailler de suite.

169. Le 25, M. Dephieux écrit à M. Bousson ce qui suit :
« J'ai l'honneur de vous accuser réception de votre lettre n° 295, en date du 23 cou-
« rant, me reprochant, d'après le rapport de M. Amiel, de n'avoir exécuté que d'une
« manière insuffisante les remblais dans les marais, entre les piquets 606 et 667. — Il
« est vrai que ces remblais ne sont pas encore complets, mais nous les complétons à
« la machine, au moyen de terres provenant de la tranchée de Socolin. Dix-huit wag-
« gons sont affectés à ce travail, et je puis vous assurer que d'ici à peu de jours il sera
« terminé. — Je n'ai nullement l'intention d'aller à l'encontre des ordres qui ont pu
« être donnés au chef de section de Lebrija-Jerez. Le but de l'Entreprise a toujours été
« de compléter dans le plus bref délai possible les terrassements pour le passage de la
« voie, et aux termes de conventions spéciales faites entre la Compagnie et l'Entreprise,
« conventions stipulées dans une lettre de M. Trilhe, ingénieur principal, en date du
« 14 février, et dans celle de M. l'ingénieur en chef Gauckler, en date du 16 du même
« mois, on me concédait la faculté de compléter tous les terrassements restant à faire à
« cette époque, au moyen de déblais provenant des tranchées et transportés à la ma-
« chine. Le prix de ces déblais et de leur transport a été déterminé par M. Gauckler, et
« accepté par la Compagnie et par moi. Les chefs de section de la Compagnie sur la
« partie de Séville à Jerez ont eu probablement connaissance de cette disposition. —
« L'accusation portée aujourd'hui contre moi, de vouloir faire un bénéfice au détri-
« ment de la Compagnie, en lui faisant payer des transports éloignés, n'a donc pas sa
« raison d'être. Mon but est purement et simplement de maintenir les dispositions con-
« tenues dans les lettres précitées, et acceptées par moi le 17 février dernier. — Au sur-
« plus, pour ne pas laisser prise à la moindre interprétation, je renouvelle l'engage-
« ment que j'ai pris, de faire, moyennant les prix convenus, tous les terrassements et
« tous les rechargements nécessaires pour mettre la plate-forme et la voie en état de
« recevoir le ballast. Cet engagement sera rempli de ma part avec la plus scrupuleuse
« exactitude, et je vous prie, Monsieur le Directeur, de ne pas croire que je réclamerai
« un supplément de prix pour les transports éloignés. Je ne veux pas plus que ce qui

« m'a été accordé ; mais aussi je désire que ce qui a été loyalement convenu entre la
« Compagnie et moi soit religieusement observé, et je ne m'expliquerais pas qu'on vînt
« actuellement m'imposer des modifications. — Néanmoins, dans le but de compléter
« promptement tous les terrassements des marais, j'ai donné ordre aux chefs de section
« de l'Entreprise de mettre immédiatement plusieurs équipes d'ouvriers entre les pi-
« quets 430 et 589. On prendra les terres dans les chambres d'emprunt, et l'on complé-
« tera ainsi, avant l'arrivée des pluies , les terrassements de cette partie de la ligne. —
« — P. S. J'ai l'honneur de joindre à la présente, copie de la lettre du 14 février de
« M. Trilhe. » (Cette lettre est relatée ci-avant, page 9, n° 39.)

170. Le 26, M. Bousson répond à M. Dephieux en ces termes : « Vous n'avez pas
« compris ma lettre du 23 courant fixant le mode d'exécution des remblais pour l'achè-
« vement d'une voie entre les piquets 606 et 667, puisque vous semblez en inférer
« qu'elle s'écarte des conventions antérieures que je n'ignore pas, et dont vous me faites
« l'effet de méconnaître complétement l'esprit. — La convention intervenue dans le
« mois de février a eu pour but de faciliter l'exécution prompte et rapide, au moyen des
« terres des tranchées, des parties en remblai entourées de chambres d'emprunt cou-
« vertes d'eau. Voilà le motif réel de cette convention. Il ne peut y en avoir d'autre ;
« elle a un caractère essentiellement transitoire, et il est évident que du jour où il de-
« vient possible d'élever les remblais avec des terres prises de chaque côté de la voie ,
« et que d'ailleurs l'écoulement des terres des tranchées est assuré par des travaux plus
« rapprochés, elle n'a plus d'objet. Or, c'est précisément ce qui arrive aujourd'hui ;
« l'eau ayant disparu des chambres d'emprunt, et l'exécution des remblais devenant fa-
« cile au moyen d'emprunts latéraux, je ne puis pas, sans nuire aux intérêts de la Com-
« pagnie, et sans méconnaître les règles les plus élémentaires d'économie en matière de
« travaux, admettre vos prétentions à faire, aux dépens de transports éloignés, des
« remblais que l'on peut faire avec des terres prises sur place. — Remarquez d'ailleurs,
« Monsieur, qu'en vous renfermant entre les piquets 606 et 667, j'ai fait une large part
« à la machine, en lui laissant presque tout le parcours qui lui est concédé par la susdite
« convention, et qui est de 6 kilomètres. Le centre de la tranchée de Socolin est au
« piquet 772 ; la limite de la course de la machine se trouve donc située au piquet 662.
« Je l'arrête au piquet 667, différence 500 mètres. De quoi donc vous plaignez-vous ?
« M. Amiel, en déterminant les limites de la machine et en l'arrêtant au piquet 667, a
« résolu le problème d'équilibre entre les déblais de Socolin et les remblais de la grande
« courbe de Serro-Blanco. — Je vous confirme ma lettre du 23 août dans toutes ses
« dispositions, vous prévenant, Monsieur, que si vous ne vous y conformez pas en tout
« point, en ce qui concerne le mode d'exécution des remblais, le nombre d'ouvriers à y
« appliquer, et le temps fixé pour l'achèvement, je prendrai sans hésiter les mesures
« opportunes pour faire exécuter ce travail par la Compagnie. »

MOIS DE SEPTEMBRE 1859.

171. Le 6 septembre, M. Periès prie M. Lacaze de convoquer les experts qui doivent fixer l'emplacement des aqueducs des salines de San-Vicente ; il ajoute que les aqueducs des salines de las Animas sont très-pressés ; enfin, il demande l'autorisation de faire commencer la construction de la drague à chapelet, suivant le plan qu'il lui a soumis.

172. Le 9, M. Dephieux exposant à M. Bousson que le transport des traverses approvisionnées au Trocadero n'offre plus la même urgence que précédemment, puisque la voie se trouve posée sur toute la section de Séville à Jerez, et que le dépôt du Trocadero a déjà subi lui-même une forte diminution, le prie de faire remettre à l'Entreprise les quinze waggons qui lui ont été retirés pour les prêter à la ligne du Trocadero, ces waggons étant indispensables pour terminer le travail des tranchées et pour activer le ballastage.

173. Le même jour, M. Lacaze annonce à M. Periès que l'emplacement de deux aqueducs des salines de San-Vicente est marqué, et que l'emplacement des aqueducs des salines de las Animas, Dulce-Nombre et Carmen-Vejo sera déterminé ce jour même.

174. Le 10, M. Dephieux écrit à M. L. Guilhou, à Madrid, ce qui suit : «... Le « crédit de 800,000 réaux que je viens de recevoir de votre obligeance sera presque « entièrement absorbé par nos travaux de la première quinzaine de ce mois. — Les « travaux de déblais dans les grandes tranchées de Lebrija, les remblais de diverses « stations et notamment de celles de Séville et Jerez qui viennent de nous être livrées, « le rechargement du terre-plein, le ballastage et le relevage de la voie, sont poussés « avec la plus grande activité sur la section de Séville à Jerez. Nous avons dans cette « partie près de quinze cents ouvriers. — MM. les administrateurs qui résident « actuellement à Cadix me pressent d'accélérer l'achèvement du mur de [quai de la « Punta de la Vaca, et de donner une sérieuse impulsion aux grands travaux du Santi- « Petri et des salines à San-Fernando. Près de six cents ouvriers sont occupés sur les « divers chantiers de la section de Puerto-Real à Cadix. — En présence des injonctions « formelles que je reçois de MM. Téjada et Muchada et de MM. les ingénieurs de la « Compagnie, je me trouve très-embarrassé de rester dans les limites du programme « que vous m'avez tracé à Madrid, et j'ai l'honneur de vous prier de me faire ouvrir, « du 15 au 25 septembre courant, un autre crédit de 800,000 réaux pour les paiements « de fin de ce mois, c'est-à-dire les dépenses du 15 septembre au 5 octobre. »

175. Le 12, M. Dephieux adresse encore à M. L. Guilhou, à Madrid, la lettre suivante : « J'ai eu l'honneur de vous remercier, par ma lettre du 10 courant, du cré-

8

« dit de 800,000 réaux que vous avez bien voulu m'ouvrir chez M. Segovia, banquier
« à Séville. — Ayant eu besoin hier d'une somme de 200,000 réaux, M. Plagnol s'est
« présenté à la caisse de M. Segovia qui n'a voulu lui verser que 133,000 réaux for-
« mant, disait-il, le complément des 400,000 affectés par le crédit aux dépenses de la
« première quinzaine de ce mois. Cette disposition nous met dans le plus grand em-
« barras. La somme de 400,000 réaux qui nous reste pour les travaux de la deuxième
« quinzaine sera de beaucoup insuffisante à nos besoins. — J'aurais même été très-
« sérieusement gêné pour la quinzaine courante, si M. Muchada n'avait pas eu la bonté
« d'écrire à M. Segovia de nous verser 200,000 réaux de plus, à prendre sur les
« 400,000 qui nous restent. Un crédit de 800,000 réaux par mois ne peut plus nous
« suffire pour le moment, et ma lettre précitée vous priait de nous le renouveler du
« 15 au 25 de ce mois. — Comme j'ai eu l'honneur de vous le dire, MM. les adminis-
« trateurs et M. le directeur nous ont forcés de prendre un nombre d'ouvriers consi-
« dérable. Nous faisons tous nos efforts pour mettre la ligne de Séville à Jerez en état
« d'être exploitée le plus tôt possible. On veut aussi, et avec raison, terminer le mur de
« Cadix avant l'arrivée des mauvais temps de l'hiver, qui pourraient détruire tout ce
« qui a déjà été fait. Enfin, sur l'invitation de MM. les administrateurs, les journaux de
« Cadix ont publié que nous recevrions tous les ouvriers qui se présenteraient. Aussi les
« bras abondent, et nos ateliers sont organisés sur un grand pied. Pour les y main-
« tenir, il nous faut 400,000 fr. par mois. C'est un sacrifice à faire pendant quelques
« semaines, et nous arriverons à un résultat heureux avant la saison des pluies. — Ce-
« pendant, si cette organisation large et coûteuse contrariait vos vues, et si vous jugiez
« à propos de ralentir les travaux, nous sommes tout disposés à le faire. Mais, dans ce
« cas, Monsieur le Directeur, je vous prierais de l'écrire télégraphiquement et d'en
« informer officiellement M. Bousson et MM. les administrateurs à qui vous avez
« délégué vos pouvoirs, afin qu'ils n'en ignorent, et pour nous permettre aussi
« de renvoyer immédiatement, sans encourir de reproche de leur part, la moitié de
« nos ouvriers. Sans ce renvoi prévu à temps, nous serions placés dans la pénible
« nécessité de ne pouvoir les payer. »

176. Le 13, M. Bousson écrit à M. Dephieux ce qui suit : « Malgré tout ce qui vous
« a été dit et prescrit pour les travaux de la section de Jerez, vos terrassements sont
« exécutés sans ordre, sans intelligence, et en dehors des règles les plus élémentaires en
« matière de travaux de ce genre. — On s'aperçoit que votre préoccupation exclusive
« est celle-ci : enlever le plus de cube possible des tranchées, mais sans assurer l'utile
« emploi des terres en remblais. — Ainsi, tandis que vous deviez compléter la largeur
« des deux voies sur un rayon déterminé, au moyen des tranchées de Caolina, Quincena
« et Socolin, vous jetez du côté où la voie est posée plus de terre qu'il ne faut pour par-
« faire la largeur normale du profil, aux dépens de l'autre côté de la voie que vous
« laissez inachevé. Vous comprendrez que c'est là une fausse manœuvre déplorable
« dont les conséquences resteront à votre charge, et qui accuse ou une incurie radicale
« ou un défaut de surveillance de la part de vos agents. On ne devrait pas avoir à

« signaler de tels faits à un entrepreneur, qui ne se produisent au reste, je m'empresse
« de le constater, que sur la section de Jerez, et dont je vous laisse toute la responsa-
« bilité. — Il y a plus. Vous travaillez depuis près de cinq mois aux tranchées de Cao-
« lina et de Quincena, et vous n'avez pas encore terminé un hectomètre de terrasse-
« ments. Tout est commencé, ébauché, mais rien d'achevé. Mon devoir est de mettre
« un terme, dans votre propre intérêt, à ce système vicieux, et je viens en conséquence
« vous inviter de la manière la plus formelle : 1° à faire régler immédiatement les talus
« en remblais du côté de la voie en leur donnant l'inclinaison de 1 1₁2, et à rejeter de
« l'autre côté toutes les terres en excès, vous prévenant que, jusqu'à ce que ce travail
« soit fait, je maintiendrai dans vos situations une réduction proportionnée au cube des
« terres inutilisées ; 2° à régler définitivement les terrassements pour les deux voies, à
« partir des points les plus rapprochés des sources d'emprunt, et à avancer successive-
« ment en avant, sans jamais laisser de lacune en arrière, et sans dépasser le piquet 667
« pour la course de la machine, en ce qui concerne le mouvement des terres de So-
« colin. — Il reste surtout bien entendu que, jusqu'à nouvel ordre, les terres de Socolin
« ne doivent pas dépasser la maison de garde de los Pozos, l'autre partie des marais
« devant s'exécuter suivant le mode prescrit par ma lettre du 23 août et confirmé par
« celle du 26. On ne comptera pas en situation le travail de la machine au delà du
« piquet 667. — Vos employés de Lebrija ont fait attaquer et détruire les banquettes
« latérales vers l'aqueduc à cinq arches du Salado. C'est là encore un fait qui fait tort
« à l'intelligence de vos agents, et qui compromet la solidité de la voie. Je vous invite à
« faire rétablir avec des terres damées avec soin les banquettes enlevées, et à remettre
« les choses dans leur état primitif, et cela le plus promptement possible. — Vous avez
« fait transporter sur la voie une certaine quantité de ballast, mais vous ne l'avez pas
« fait répandre, bien que vous ayez entre vos mains le profil définitif donnant la cote
« du rail, et que les employés de la Compagnie aient eux-mêmes marqué les repères
« sur les piquets hectométriques. Je vous préviens qu'on ne comptera en situation que
« le ballast répandu utilement pour former le profil qu'il doit avoir au-dessus des ter-
« rassements. De plus, votre ballast se trouve répandu sur sept ou huit points isolés.
« C'est là un mauvais système. Il faut commencer le ballastage à Jerez et marcher
« vers Séville sans laisser de lacune en arrière, comme il a été prescrit pour les terras-
« sements. — Dans les parties en courbe, le profil de la voie a été déformé ; le rail exté-
« rieur a perdu sa surélévation primitive et il se trouve au niveau du rail intérieur. Il
« est important de le relever à sa hauteur normale immédiatement. »

177. Le 16, M. Dephieux répond à M. Bousson en ces termes : « J'ai l'honneur de
« vous accuser réception de la lettre que vous m'avez écrite le 13 courant sous le
« n° 364. — Quelques passages de cette lettre m'ont grandement surpris, et je crois
« devoir vous fournir quelques explications qui sont de nature à modifier, du moins je
« l'espère, vos impressions, et à disculper l'Entreprise des reproches que vous lui
« adressez. — Vous me dites, Monsieur le Directeur, que les terrassements de la section
« de Jerez sont exécutés sans ordre, sans intelligence, et en dehors de toutes les règles

« élémentaires en matière de travaux de ce genre ; que ma préoccupation exclusive est
« d'achever les déblais des tranchées sans assurer l'emploi utile des matériaux ; que
« j'exagère la largeur du remblai sur l'un des côtés de l'axe, tandis que je néglige
« l'achèvement de l'autre côté. Vous me reprochez de commencer partout et de ne rien
« achever, et surtout de ne pas m'occuper du règlement des talus en remblai du côté
« extérieur à la voie posée. Vous m'invitez à régler immédiatement ces talus, en me
« prévenant que, faute de ce, vous nous ferez une retenue sur les situations mensuelles,
« en attendant que le travail soit effectué. Enfin, vous ajoutez que vous ne porterez pas
« en situation les terrassements faits à la machine au delà de la maison de los Pozos,
« pas plus que le ballast exécuté avant qu'il soit répandu sur la voie ; et vous terminez
« par m'ordonner de réparer immédiatement la voie dont le profil est déformé dans les
« courbes, en ce sens que le rail extérieur a perdu son exhaussement normal faute
« d'entretien. — Tels sont les griefs sur lesquels j'ai à vous répondre. — La personne
« qui vous a renseigné, Monsieur le Directeur, s'est bien mal acquittée de cette tâche ;
« elle a très-peu l'habitude des travaux, ou bien elle a été elle-même mal informée.
« Veuillez prier M. Amiel, qui a visité la ligne dernièrement, de vous fournir quelques
« renseignements, et je crois qu'ils seront plus exacts.

« Les terrassements des tranchées, dans toute la section de Jerez, sont, en effet,
« poussés avec beaucoup d'activité, et ils seraient bien plus avancés si nous n'avions
« pas manqué de waggons. Ma plus grande préoccupation a toujours été de me débar-
« rasser de ces travaux avant l'arrivée des pluies d'automne, et je suis infiniment con-
« vaincu que vous me saurez gré de cette activité, quand vous verrez l'effet désastreux
« de ces pluies sur le terrain de mauvaise nature dans ces tranchées. Il n'est pas exact
« de dire que ces terrassements soient exécutés sans ordre et sans intelligence, et sur-
« tout qu'ils ne soient pas employés utilement en remblai. — La largeur de la voie
« (côté droit) n'est pas exagérée. En quelques endroits, le profil type de la plate-forme
« peut paraître avoir été quelque peu dépassé. Mais veuillez remarquer, Monsieur le
« Directeur, que les talus n'étant pas réglés et n'ayant pas l'inclinaison voulue, on ne
« peut pas juger aujourd'hui, à moins de faire des opérations sur le terrain et d'étu-
« dier la question avec soin, s'il y a réellement trop de terre. Je me suis occupé d'étu-
« dier ce fait, au moins approximativement ; j'en ai parlé à M. Raffin, mon chef de
« section à Lebrija ; nous l'avons examiné ensemble, et nous avons reconnu que, lors-
« que le tassement se serait produit, et que le règlement des talus serait effectué, il n'y
« aurait pas de terre en trop. Au surplus, j'accepte la responsabilité des actes de mes
« agents, et je subirai les conséquences de malfaçon, s'il est constaté qu'il en existe lors
« de la remise des travaux à la Compagnie. — Les terrassements sont complets depuis
« Jerez jusqu'à la tranchée de Caolina, sauf quelques mètres de terre qui manquent
« pour terminer le remblai au piquet 60. Les fossés et le règlement de la demi-plate-
« forme (côté droit), au piquet 50, ne sont pas achevés sur une longueur d'environ
« trois cents mètres. Il reste également à enlever quelque peu de terre provenant du
« curage des fossés dans les tranchées ; ces terres sont ramassées en petites buttes sur le
« bord même de ces fossés, et lors de ma tournée sur la section de Jerez, le 12 cou-

« rant, j'ai donné des ordres pour l'achèvement de tous ces petits travaux de détail ;
« j'apprends aujourd'hui que des chantiers ont été organisés à cet effet. — Quant aux
« tranchées, en dehors de celle de Caolina, en allant vers Lebrija, elles sont complète-
« ment achevées et très-proprement faites. Restent donc les tranchées de Socolin,
« Quincena et Caolina ; cette dernière même sera terminée dans un bref délai. Il ne
« manque plus que quelque peu de terrassement de la deuxième voie sur la partie en
« remblai comprise entre Caolina et la section d'Utrera ; on y travaille avec activité.
« — La majeure partie des remblais de la voie a été faite pendant le dernier été, et même
« depuis peu de jours. Les pluies n'ont pas encore détrempé les terres, et le tassement
« n'est pas opéré. Contrairement aux règles admises en France, nous avons posé la voie
« définitive sur des terrassements fraîchement exécutés, et sans attendre le tassement,
« parce que la Compagnie le désirait. Mais j'ai cru prudent, et dans l'intérêt exclusif
« des travaux, d'attendre pour le règlement des talus des remblais que les pluies d'au-
« tomne aient produit leur effet ; car, sans cela, les talus se déformeront, l'arête su-
« périeure s'affaissera, et nous serons obligés de faire des rechargements, et, en un mot,
« de refaire le travail. — L'intérêt de l'Entreprise est, sans nul doute, de régler les ta-
« lus d'hors et déjà ; et, puisque vous n'y voyez aucun obstacle, Monsieur le Directeur,
« je vais prescrire, pour qu'on les effectue sans retard, des mesures urgentes. Dans ce
« cas, je vous prierai de donner, de votre côté, des ordres pour que ce règlement soit
« porté en situation au fur et à mesure de son exécution ; et, comme représentant de
« l'Entreprise, je décline toute responsabilité des dégradations qui peuvent survenir ul-
« térieurement. — Dans le but de compléter, dans le plus bref délai, tous les terrasse-
« ments, et dans celui d'être agréable à la Compagnie, j'ai donné l'ordre de faire tous
« les terrassements des marais compris dans la section d'Utrera, et une grande partie
« de ceux de la section de Lebrija, au moyen de terres prises dans les chambres d'em-
« prunt. On a été obligé d'aller chercher ces terres au delà des emprunts existants, et
« de les laisser, avec difficulté et avec frais, sur la plate-forme des remblais, afin d'o-
« pérer un rechargement reconnu nécessaire par suite des inondations de l'hiver der-
« nier. Ce mode d'opérer est tout à fait contraire aux intérêts de l'Entreprise, puis-
« qu'elle a le droit de faire ces remblais à la locomotive, ainsi que vous l'a fait
« connaître ma lettre en date du 25 août dernier, que je maintiens dans toute sa te-
« neur. — Aux termes du contrat intervenu entre la Compagnie et M. de Kervéguen,
« ce dernier subit à Paris une retenue de 5 pour 100 à titre d'exécution de son marché.
« Sortir de cette limite et vouloir lui imposer deux cautionnements, l'un à Paris, qui se
« monte déjà à 117,500 francs et qui doit atteindre 200,000 francs, et un second à
« Séville, ce serait une violation manifeste dudit contrat contre laquelle réclamerait
« vivement M. de Kervéguen. — En conséquence, je vous prie, Monsieur le Directeur,
« de vouloir bien donner des ordres pour que tous les travaux exécutés soient portés en
« situation et soldés mensuellement à l'entrepreneur. Agir autrement, ce serait nuire aux
« intérêts de ce dernier. J'ose donc espérer que vous voudrez bien donner des instruc-
« tions pour que l'on porte en situation le ballast porté sur la voie, quoiqu'il ne soit
« pas répandu. Cependant veuillez, si vous le jugez convenable, opérer une retenue de

« 10 pour 100, en attendant le répandage qui se fera prochainement. Si jusqu'ici cette
« main-d'œuvre n'a pas encore été commencée sur la section de Jerez, c'est que je dé-
« sire la donner et la confier même à des gens habitués à ces sortes de travaux, c'est-à-
« dire aux frères Servoles à qui je l'ai promise, et ils ne seront disponibles que dans
« les premiers jours de la semaine prochaine. — Il est impossible, Monsieur le Direc-
« teur, de maintenir la voie à son niveau normal tant qu'elle ne reposera que sur des
« terrassements fraîchement exécutés. Ce serait se livrer à des dépenses d'entretien con-
« sidérables, qui n'ont qu'un intérêt tout à fait secondaire et auxquelles l'Entreprise
« n'est pas obligée, vous en conviendrez vous-même. La voie n'est pas dans un mau-
« vais état ; mais il est certain que lorsqu'elle sera ballastée et que nous vous la livre-
« rons, elle sera meilleure. Je ne vois pas qu'il soit possible d'observer plus scrupuleu-
« sement dans les courbes l'exhaussement prescrit pour le rail extérieur, tant que la voie
« ne sera pas assise sur une couche de ballast. »

178. Le même jour, M. Bousson écrit à M. Dephieux ce qui suit : « Le règlement
« des différentes natures de transports effectués et portés dans vos situations a été fait
« jusqu'à présent, dans les différentes sections, en dehors de toute base uniforme et
« certaine, par suite de la difficulté que présente l'interprétation des termes de votre
« série qui ne sont pas suffisamment explicites. — Pour remédier aux lacunes qui peu-
« vent exister dans le traité, on doit, d'après les instructions de l'ingénieur conseil
« M. Tourneux qui a préparé lui-même votre traité, s'en rapporter aux usages admis
« sur les autres chemins de fer. — Or, la différence qui existe dans les prix de la série
« nᵒˢ 9 et 16, ne peut s'expliquer que par la pensée qu'on a eue, en établissant ces prix,
« de distinguer les transports de terrassements faits sur voie provisoire et au moyen de
« chevaux et waggonnets, des terrassements proprement dits, de ceux qui sont faits sur
« voie définitive, au moyen de machines, avec de grands waggons pareils à ceux que la
« Compagnie vous a prêtés. En cela on a été d'accord avec ce qui se pratique sur tous
« les chemins de fer et toutes les données d'expérience recueillies, qui constatent l'infé-
« riorité du prix de revient des transports faits à la machine, sur ceux effectués à l'aide
« de chevaux, et qui n'établissent d'ailleurs aucune distinction entre le prix du ballast
« et celui des remblais. — La différence entre les coefficients des deux formules est, de
« plus, clairement justifiée dans le cas qui nous occupe, par cette considération spé-
« ciale, mais puissante, que pour les transports qui peuvent se faire et se font réelle-
« ment à la machine, les rails définitifs et de plus les locomotives et waggons, sont prêtés
« gratuitement à l'entrepreneur. L'application de la formule nᵒ 16 a reçu déjà, sans
« motiver aucune réclamation de votre part, une consécration dans la section de Jerez,
« pour le transport à la machine des terres provenant des trois petites tranchées com-
« prises entre Caolina et los Prados. Elle doit être appliquée dans les autres sections,
« et par conséquent à la Punta de la Vaca où le transport des terres se fait à la ma-
« chine. Les transports de sable et gravier destinés aux travaux de la section de Cadix,
« doivent être réglés comme du ballast. Quant aux pierres de taille, moellons et blocs,
« je ne fais pas de difficulté à les régler comme vous me l'avez demandé, c'est-à-dire

« en remplaçant le coefficient de 0,0025 par celui de 0,003, afin de tenir compte de
« l'excédant de poids par rapport au ballast, pourvu toutefois qu'il ne s'agisse pas de
« distance supérieure à 14 kilomètres. Je vais donc donner des instructions pour que
« les situations soient, jusqu'à nouvel ordre, réglées sur les bases précédentes. »

179. Le 17, M. Dephieux répond à M. Bousson de la manière suivante : « J'ai l'hon-
« neur de vous accuser réception de votre lettre en date du 16 courant, n° 375, qui
« m'annonce que, pour remédier aux lacunes qui peuvent exister dans le contrat inter-
« venu entre la Compagnie et M. de Kervéguen, vous jugez à propos d'interpréter selon
« vos vues le sens des articles n°ˢ 9 et 16 dudit contrat, relatifs aux formules de trans-
« ports. La différence qui existe dans les prix de la série n°ˢ 9 et 16, me dites-vous, ne
« peut s'expliquer que *par la pensée* que l'on a eue de distinguer les transports de ter-
« rassements faits sur une voie provisoire et au moyen de chevaux, de ceux faits à la
« machine. — J'ai assisté à la discussion des prix de la série à Paris , et il n'a pas été
« question de cette distinction que nous aurions repoussée résolûment. La lettre du
« contrat est précise, très-claire et très-formelle. La Compagnie a mis à la disposition
« de l'Entreprise des locomotives et son matériel de waggons, pour qu'elle en use selon
« ses besoins, pour l'exécution de ses travaux en général, et sans stipuler que l'on ne s'en
« servirait que pour le ballastage. Au surplus, la considération que vous invoquez pour
« annuler la formule des transports faits à la machine, ne me paraît pas légitime. Les
« locomotives et waggons ont été prêtés *gratuitement* à l'Entreprise, me dites-vous.
« *Gratuitement* me semble une expression qui n'est pas précisément juste au cas pré-
« sent, puisque l'Entreprise aura à payer la moins-value de tout le matériel, lorsqu'elle
« le remettra à la Compagnie. Et de plus, il a été tenu grand compte de cette considéra-
« tion dans l'établissement des prix à Paris, par les lourdes charges financières qui ont
« été imposées à l'Entreprise, et dont celle-ci subit journellement les funestes consé-
« quences. — Vous ajoutez que l'Entreprise faisant ses terrassements au moyen de
« voies définitives, n'a pas le droit de trouver mauvais que l'on modifie sa formule de
« transports. Je ne pense pas que la voie sur laquelle nous marchons pour le transport
« des terrassements, et particulièrement pour ceux exécutés à la Punta de la Vaca,
« puisse être considérée comme voie définitive, attendu qu'elle est posée tout entière
« sur remblai, et nous oblige à des ripages continuels et à de grands frais d'entretien.
« — L'application de la formule n° 16 pour les terrassements a déjà reçu une consé-
« cration de ma part, me dites-vous, dans la section de Jerez, pour le transport des
« terres provenant des trois tranchées entre Caolina et los Prados , puisque je n'ai fait
« aucune réclamation lors du règlement des situations. Cette dernière assertion n'est
« pas exacte. Permettez-moi de vous rappeler, Monsieur le Directeur, qu'à la date du
« 4 mai j'avais l'honneur de vous écrire et de vous transmettre un état des réclama-
« tions que j'avais à faire à la Compagnie sur le règlement du travail depuis l'origine
« de l'Entreprise. J'ai l'honneur de vous prier de recourir à cette pièce, et vous remar-
« querez qu'à l'article des réclamations pour la section de Jerez, je me plains de ce que
« le chef de section de la Compagnie a appliqué la formule du ballast au transport des

« terrassements, et pour ce, je réclame une somme de 1,520 fr. 17 c. dont j'attends
« le règlement. — Quant aux transports de sable, gravier, pierres de taille, moellons
« et blocs destinés aux travaux de la section de Cadix, il est vrai que j'avais proposé à
« votre acceptation le coefficient de 0,003, au lieu de 0,006, mais, veuillez vous le
« rappeler, cette proposition était jointe à ma série de prix pour les ouvrages d'art de
« cette section. Cette série n'ayant pas été acceptée par vous, il en résulte que la modi-
« fication de la formule des transports, *modification subordonnée à mon analyse de*
« *prix*, n'a plus sa raison d'être. — En résumé, je ne puis accepter les termes de votre
« lettre n° 375 ; je m'en tiens au contrat clair et précis intervenu entre la Compagnie
« et M. de Kervéguen, et rien ne vous autorise à modifier, en vous appuyant sur des
« commentaires ou interprétations, très-contestables du reste, des formules de trans-
« port bien stipulées et bien arrêtées, alors surtout que la Compagnie les a appliquées
« sans conteste depuis plus d'une année. C'est ici, Monsieur le Directeur, une question
« de bonne foi, et je déplorerais qu'il y eût fort tardivement une pensée de surprise de
« la part de la Compagnie. »

180. Le même jour, M. L. Guilhou, de Madrid, écrit à M. Dephieux qu'il a reçu sa
lettre du 13 courant, et l'a adressée à M. Bousson avec qui il l'invite à s'entendre.

181. Le 19, M. de Kervéguen adresse à M. L. Guilhou, à Madrid, la lettre suivante :
« Par sa lettre datée de Cadix, du 10 septembre, M. Dephieux vous exposait longue-
« ment quels étaient les motifs qui avaient forcément accru les dépenses de l'Entreprise
« pendant les derniers jours d'août et premiers jours de septembre. J'ai sollicité, à cet
« effet, de vos bontés un supplément de crédit de 200,000 fr. Cette lettre est mal-
« heureusement restée sans réponse, et, au lieu de recevoir une allocation extraordi-
« naire pour le travail pressant qui m'a été imposé d'autorité, contrairement à mon
« traité, le crédit ouvert est demeuré le même, et, de plus, vous y avez apporté, sans
« m'en prévenir, des sévérités qui n'existaient pas précédemment. Je viens aujourd'hui
« vous exposer à nouveau tous les faits, afin d'en appeler encore à votre justice et à
« votre équité. — Vous avez, il y a trois mois, recommandé verbalement à M. De-
« phieux, mon représentant, de ne pas dépasser autant que possible une somme de
« dépenses mensuelles de 200,000 fr. Vos instructions ont été suivies pendant deux
« mois, quoique fatales à nos intérêts, et malgré les plaintes de MM. Tejada et Muchada,
« administrateurs, vos délégués, auxquels vous auriez dû, ce me semble, donner des
« instructions pareilles. Ces deux Messieurs se sont, au contraire, montrés animés de
« dispositions diamétralement opposées. A mon arrivée sur les chantiers, en août 1859,
« les administrateurs m'ont intimé en votre nom, et comme vos représentants directs,
« l'ordre formel, devant témoins, de doubler de suite mon personnel de travailleurs,
« d'activer partout les travaux, et d'arriver, coûte que coûte, à terminer la pose de la
« voie pour le 30 août, et aussi d'achever promptement le mur de quai de Cadix, le
« tout sous menaces, de la part de MM. Tejada et Muchada, de faire opérer ces mêmes
« travaux en dehors de moi. MM. les administrateurs m'ont promis et assuré que l'ar-

« gent ne manquerait pas, que je serais payé de tout, même des faux frais (ce sont leurs
« termes précis), et qu'il fallait leur obéir, car ils avaient vos pleins pouvoirs. J'ai de-
« mandé des ordres par écrit à M. Bousson, il me les a donnés. J'ai donc suivi ponc-
« tuellement les prescriptions de vos mandataires, et je suis étonné que, lorsque le tra-
« vail ordonné est fait, vous hésitiez à le payer.—La situation que vous me faites, par
« suite, n'est plus tolérable, et je viens vous prier de m'écrire pour y mettre un terme.
« J'ai, en conséquence, l'honneur de vous demander : 1° un supplément de crédit de
« 200,000 fr. par mois pour septembre courant; 2° l'ordre écrit de la somme men-
« suelle que vous désirez que je consacre aux travaux; 3° la communication officielle
« de ce dernier ordre à M. Bousson, directeur, pour qu'il n'en ignore, et par là d'as-
« surer ma tranquillité. Alors, Monsieur le Directeur, vos instructions étant écrites,
« précises et connues de tous, seront fidèlement observées. Comme j'ai un paiement à
« faire d'ici au 25, je vous prie instamment de me faire connaître, le 24 au plus tard
« (et mieux encore par le télégraphe), ce que vous désirez accorder de crédit pour les
« dépenses de l'Entreprise en octobre prochain, afin que je puisse le plus tôt possible
« diminuer mes chantiers et restreindre les futures dépenses dans vos limites. Chaque
« jour de retard et de silence est un surcroît de charge pour la Compagnie et pour moi,
« et vous seriez fort aimable de me tirer de peine en me fixant à cet égard. »

182. Le 21, M. Dephieux expose à M. Bousson que les waggons lui font défaut pour
faire marcher de front le ballastage et les déblais, et il insiste pour obtenir la restitution
des quinze waggons prêtés à la Compagnie du Trocadero.

183. Le 22, M. L. Guilhou, de Madrid, adresse à M. de Kervéguen une dépêche
télégraphique conçue en ces termes : « Encore un crédit chez Segovia. Vous écris par
« courrier. Entendez-vous avec Bousson. »—Il envoie le même jour à M. Dephieux une
nouvelle lettre de crédit sur Séville de 600,000 réaux, en ajoutant qu'il répondra le
lendemain à la lettre de M. de Kervéguen.

184. Le 27, M. Bousson répond à la lettre de M. Dephieux du 16, relative aux travaux de la section de Jerez, et lui confirme les observations qu'il lui a faites dans sa
lettre du 13. Il dit avoir donné des ordres pour que le déblai en excès, résultant de certaines fausses manœuvres de l'Entreprise qu'il signale, ne soit pas porté en situation. Il
lui reproche de tout commencer sans finir successivement chaque partie avec méthode ;
que c'est ainsi que, sans rien terminer sur la voie qui doit recevoir le ballast et être
mise en exploitation, l'Entreprise reporte toutes ses forces sur le déblai des tranchées
pour la seconde voie, lorsque ce travail pourrait toujours être fait commodément par
la suite. Il ajoute que le moment est venu d'opérer d'une manière plus régulière et plus
conforme aux intérêts de la Compagnie, en ce qui concerne l'achèvement de la partie
essentielle des travaux, et que, dans ce but, il est décidé à user de tous les droits de la
Compagnie. Il l'invite donc formellement à terminer de suite, pour le côté de la voie
posée sur toute la section de Jerez, le règlement des talus et fossés, de manière à assurer

l'écoulement des eaux et préparer la forme que doit recevoir le ballast. Il l'invite aussi à cesser immédiatement tout le travail des tranchées du côté de la seconde voie, le prévenant qu'il donne l'ordre de ne pas porter en situation ce travail, s'il était exécuté sans autorisation formelle et régulière de sa part.

185. Le 28, M. de Kervéguen écrit à M. Bousson ce qui suit : « Par sa lettre en « date du 22 courant, M. Guilhou, directeur, à Madrid, m'annonce l'ouverture d'un « supplément de crédit de 600,000 réaux, et me dit de m'entendre avec vous pour les « sommes dont j'aurai besoin en octobre 1859. J'ai l'honneur de vous prévenir que le « nouveau subside sera épuisé du 1er au 2 du mois prochain, et que, par suite, il est de « la plus grande urgence d'aviser sans retard à la disposition des sommes nécessaires « aux dépenses d'octobre. Il est aussi indispensable que la Compagnie nous ouvre les « crédits à l'avance, afin de ne pas éprouver à l'avenir les craintes que nous avons res- « senties à l'épuisement de chacun de ceux de septembre. — Vous savez, Monsieur le « Directeur, que nos chantiers augmentent tous les jours; depuis que les travaux des « champs ont cessé, les ouvriers abondent, et par suite il y aura aussi augmentation « dans le montant des dépenses. Nous voici à l'époque de la meilleure période de tra- « vail de l'année; il serait par conséquent regrettable que, par des retards survenus « dans le mouvement opportun des fonds, nous fussions obligés de réduire nos chan- « tiers. — Veuillez, Monsieur le Directeur, prendre les mesures que vous jugerez né- « cessaires pour assurer les ouvertures de crédits destinés au paiement des dépenses « qui vont s'effectuer en octobre prochain, et m'en instruire le plus tôt possible. »

MOIS D'OCTOBRE 1859.

186. Le 1er octobre, M. Lacaze écrit à M. Dephieux, que les grands courants qui s'établissent dans la partie de fondations restant à construire pour la muraille de la Punta de la Vaca, rendent plus mauvais encore que par le passé le système de coulage par la cheminée verticale employé par l'Entreprise, et qu'en conséquence il importe : 1° de prendre toutes mesures pour empêcher le délavage du béton ; 2° de réduire autant que possible le cube de ce béton dans les fondations ; 3° d'arrêter jusqu'à achèvement et arrasement du massif inférieur aux basses marées la pose du socle et l'élévation des parties supérieures qui auraient, si on les continuait, le grand inconvénient d'augmenter outre mesure la force des courants. Il adresse en même temps le dessin d'exécution de ce qui reste à faire de fondations.

187. Le 3, M. L. Guilhou, de Madrid, écrit à M. de Kervéguen la lettre suivante : « M. Bousson m'envoie copie de la lettre que vous lui avez adressée de Cadix le 28 du « mois dernier, et dans laquelle vous prétendez à tort que je vous ai autorisé à vous « adresser à lui pour vous ouvrir des crédits à Séville. — Je ne sais quelle interpréta-

« tion vous donnez à mes lettres, ne trouvant dans aucune d'elles cette prétendue auto-
« risation. Ce que j'ai écrit à M. Dephieux, c'est qu'il eût à s'entendre avec M. Bousson
« pour les travaux à exécuter, et non au sujet des crédits.—Ma lettre du 23 septembre (1)
« est assez explicite, et je ne comprends pas que vous insistiez de nouveau pour l'envoi
« immédiat de fonds, lorsque je vous ai dit et vous répète aujourd'hui que *la Compa-*
« *gnie n'a contracté avec vous aucune obligation de vous faire des avances*, et que si
« les 200,000 fr. que j'ai bien voulu vous faire compter mensuellement ne suffisaient
« pas, c'était à vous de parfaire la somme dont vous pourriez avoir besoin. — La Com-
« pagnie remplira ses engagements qui sont de vous payer à Paris les travaux exécutés
« sur la présentation de vos situations, vous prévenant que le crédit de 800,000 réaux
« que j'ouvre encore aujourd'hui à M. Dephieux est le dernier que vous recevrez, ce
« dont je vous donne avis pour que vous vous pourvoyiez de fonds à l'avenir. »

188. Le 5, M. Bousson écrit à M. Dephieux ce qui suit :

« J'ai transmis à M. Guilhou, à Madrid, votre lettre du 28 septembre. En réponse,
« j'ai reçu diverses dépêches d'après lesquelles il ne vous serait ouvert à Séville des
« crédits que jusqu'à concurrence de 200 mille francs, pour le mois d'octobre, les
« paiements devant vous être faits à Paris. — Il conviendra donc de vous entendre
« avec M. Lacaze, auquel j'écris dans ce sens, pour réduire autant que possible les dé-
« penses de la section de Puerto-Real à Cadix, en les limitant à l'achèvement du mur
« de quai et des fondations des ponts sur les caños. — Quant à la section de Séville à
« Jerez, je vous ai écrit, à la date du 27 septembre, de limiter les travaux au parachè-
« vement de la partie des terrassements qui correspond au côté de la voie posée et au
« fossé pour l'écoulement des eaux. Je vous le confirme de nouveau. — Pour le bal-
« last de Séville, vous avez jusqu'à présent dépassé de beaucoup la quantité d'un
« mètre cube qui vous avait été prescrite par mètre courant, ce qui a diminué de
« beaucoup la longueur ballastée pour le cube fait, pour arriver à une prompte ex-
« ploitation. Il est nécessaire que de nouvelles mesures soient prises à ce sujet, sous
« peine de commencer l'exploitation sans ballast. Je comptais que vous viendriez à
« Séville dimanche dernier pour traiter cette question avec vous, plus en détail que cela
« ne peut être fait par correspondance, et avant d'être obligé de prendre un parti dé-
« finitif. »

189. Le même jour, M. Dephieux répond à la lettre de M. Bousson du 27 septembre relative à l'exécution des terrassements de la section de Jerez. Il conteste que
ces terrassements soient exécutés sans ordre et sans intelligence, sous la direction de
M. Raffin, employé de l'Entreprise, homme capable et actif, auquel M. Amiel, chef de
section de la Compagnie, a été des premiers à rendre cette justice. Les excavations que
M. Bousson a cru remarquer à la base des talus des tranchées de Quincena et Socolin,

(1) Cette lettre que M. Guilhou dit avoir écrite le 23 septembre, n'est jamais parvenue ni à
M. Dephieux ni à M. de Kervéguen.

sont le résultat d'éboulements qui datent de l'hiver dernier, et qui sont dus à la faute énorme commise par les agents de la Compagnie de faire déposer les déblais des tranchées, de nature très-argileuse, en cavalier sur la crête des talus. M. Bousson lui-même a reconnu la mauvaise nature de ces tranchées, et ordonné d'enlever une partie des cavaliers, en attendant qu'il fît dresser un nouveau type de profils en travers. — Suivant les instructions de M. Trilbe, les talus des tranchées de Caolina, Quincena et Socolin doivent être coupés à 1 1/2 de base pour 1 de hauteur; on n'a fait que se conformer à ces instructions, et il n'y a pas lieu de ne pas porter en situation tout le cube exécuté. — En ce qui concerne les travaux entre Jerez et Caolina, la Compagnie avait là, comme partout ailleurs, exécuté le travail le plus facile, attaqué tous les points, mais rien achevé, de sorte qu'il restait beaucoup à faire par l'Entreprise; les situations de l'époque peuvent le constater. — Quant au reproche adressé à l'entrepreneur de tout commencer sans rien finir, et de porter toutes ses forces sur les tranchées, M. Dephieux fait observer que l'engagement pris envers la Compagnie, le 14 janvier, l'obligeant à achever les remblais au moyen des déblais des tranchées, il ne pouvait faire autrement que d'attaquer avec vigueur les terrassements des tranchées, afin d'arriver le plus promptement possible à l'achèvement des parties en remblai. Cette manière d'opérer est d'ailleurs tout à fait rationnelle et dans l'intérêt de la Compagnie, puisqu'elle permet d'utiliser les déblais et de ne pas charger la crête des talus. — Ce ne sont pas les terrassements qui retardent le ballastage; il y a 85 kilomètres de plate-forme achevée et bien réglée pour deux voies; il ne reste que 15 kilomètres à mettre en état de recevoir le ballast, et, dans aucun cas, cela ne peut retarder le ballastage. Ce qui l'a retardé et le retardera, c'est le retard de la Compagnie à livrer les sablières, les croisements et le matériel de la voie; c'est enfin le manque des waggons prêtés à la Compagnie du Trocadero. — M. Dephieux termine en disant à M. Bousson que, s'il maintient l'ordre de ne pas porter en situation les terrassements provenant de la seconde voie dans les tranchées et portés en remblai, les intérêts de l'Entreprise en seront gravement atteints, et qu'il espère en conséquence que cet ordre sera rapporté.

190. Le 8, M. Dephieux écrit à M. Bousson ce qui suit :

« J'ai l'honneur de vous accuser réception de votre lettre en date du 5 courant, qui
« m'a été adressée à Cadix en mon absence, et qui ne me parvient qu'aujourd'hui 8 oc-
« tobre, à Séville. Elle m'annonce que la Compagnie ne veut mettre à ma disposition,
« pour les dépenses du mois d'octobre, qu'une somme de 200,000 fr. Vous m'avez
« confirmé de vive voix cette fâcheuse décision, en ajoutant que je devais réduire les
« dépenses et les circonscrire dans cette limite, si je ne voulais être exposé à manquer
« de fonds. — Je regrette vivement, Monsieur le Directeur, que cette déplorable décision
« de la Compagnie me soit communiquée si tardivement. J'ai en ce moment environ
« trois mille ouvriers répartis sur les divers chantiers de la ligne, et avant que je sois
« en mesure de réduire les dépenses par le renvoi d'une partie de nos travailleurs, il se
« sera écoulé au moins le tiers du mois, et nous aurons dépensé 150,000 francs; il ne

« me restera donc que 50,000 francs pour les vingt autres jours du mois. D'un autre
« côté, M. de Kervéguen se trouvant en Espagne au moment où je reçois votre lettre,
« je me trouve dans l'impossibilité de me procurer des fonds à Paris, et par suite ex-
« posé aux plus funestes désagréments. — Je vais, suivant vos instructions, réduire
« considérablement les chantiers, et informer M. de Kervéguen de la réduction de
« crédit que vous m'annoncez par votre lettre précitée. En attendant, je fais, vis-à-vis
« de la Compagnie, toutes réserves de droit pour le préjudice résultant pour l'Entre-
« prise du ralentissement obligé de ses travaux, par suite d'une décision que vous me
« communiquez si tardivement. »

191. Le 9, M. Lacaze écrit à M. Dephieux que, par suite d'instructions données par
la Direction, les dépenses sur la ligne de Puerto-Real à Cadix, pendant le mois d'octobre, ne doivent pas dépasser la somme de 360,000 réaux (94,000 francs). En conséquence, les travaux de la muraille de Cadix, ceux du Santi-Petri et des caños, seront
continués comme par le passé ; mais il faudra réduire à deux les ateliers pour les aqueducs des salines, et supprimer, jusqu'à nouvel ordre, les travaux de la carrière de
San-Fernando, ainsi que les terrassements de la Punta de la Vaca.

192. Le 13, M. Bousson communique à M. Dephieux une circulaire adressée par
lui aux chefs de section de la Compagnie, et où, après avoir prescrit les règles à observer au sujet de différents petits travaux de règlement de plate-forme, d'assainissement des tranchées, etc., il dit qu'il a été ordonné que l'on répandrait une première
couche de ballast égale à 1 mètre cube par mètre courant ; mais que, vu le peu d'approvisionnements faits par l'Entreprise, et la nécessité d'ouvrir l'exploitation dans un
très-bref délai, il s'est décidé à réduire cette quantité à 50 centimètres cubes par mètre
courant. — Quant au règlement des plates-formes, il s'exprime en ces termes :
« L'entrepreneur a déjà touché, presque partout, le montant des prix de règlement
« des plates-formes. Dans les endroits où il deviendra nécessaire de prescrire un nou-
« veau règlement des surfaces, il n'y aura donc pas lieu d'appliquer un prix à ce tra-
« vail supplémentaire, à moins toutefois que ce travail ne s'exécute sur des points où
« aucun règlement n'a encore été compté en situation. Dans ce cas, vous devrez
« NÉCESSAIREMENT *le comprendre dans vos prochains décomptes,* si d'ailleurs il est exé-
« cuté conformément aux règles ci-dessus. »

193. Le 15, M. Bousson informe M. Dephieux que la Compagnie vient de traiter
avec MM. Tourner et Ortega, pour l'acquisition de la terre à enlever de Monte-Rey pour
être transportée en remblai à la station de Séville, et l'engage à prendre des mesures
pour que ce remblai atteigne le plus promptement possible le chiffre de 500 à 1000
mètres par jour.

194. Le 17, M. Dephieux écrit à M. Bousson qu'il a donné des instructions aux

sieurs Tourner et Ortega, avec lesquels *il a traité* pour l'exécution des terrassements de Monte-Rey, de prendre immédiatement leurs dispositions pour faire journellement de 500 à 1000 mètres, ainsi qu'il a été convenu dans le traité.

195. Le 17, M. Bousson informe M. Dephieux que les rapports qu'il reçoit de tous les points de la ligne lui annoncent une suspension presque complète des travaux, tandis que, le 5 octobre, en lui communiquant que la Compagnie voulait bien lui ouvrir, à Séville, un crédit de 200,000 fr., les paiements devant se faire à Paris, il lui a indiqué les travaux qui devaient, dans tous les cas, être continués et achevés le plus tôt possible, et ceux qui pouvaient être réduits. Il lui confirme donc que la Compagnie entend lui laisser la responsabilité de l'exécution complète de ses engagements, et qu'en dehors de la somme de 200,000 francs qu'elle a bien voulu lui avancer à Séville, c'est à lui de se procurer les fonds nécessaires. La Compagnie, ajoute M. Bousson, est tellement désireuse de voir arriver le moment de l'exploitation de la ligne de Séville à Jerez, que M. le directeur gérant lui écrit qu'il consent encore à continuer à l'entrepreneur le crédit de 200,000 francs par mois; mais cette faveur n'empêche pas que celui-ci doit se pourvoir de fonds pour l'exécution complète de ses engagements.

196. Le même jour, M. Dephieux écrit à M. L. Guilhou, à Madrid, ce qui lui a été communiqué par M. Bousson au sujet de la continuation du crédit de 200,000 fr., pour mettre le chemin de fer en état d'être exploité dans le plus bref délai possible, et ajoute qu'il se conformera religieusement aux instructions reçues; qu'il a pris ses mesures pour les faire mettre à exécution, et qu'il espère arriver très-prochainement à achever la ligne.

197. Le 20, M. Dephieux répond à la lettre de M. Bousson du 17 courant, en l'informant des mesures qu'il a prises pour se conformer à ses prescriptions relativement à la marche rapide des travaux. Il le remercie cordialement de la bonne nouvelle qu'il lui a annoncée au sujet de la continuation du crédit de 200,000 fr., et il espère qu'avec ce crédit et les fonds que M. de Kervéguen lui fera parvenir de Paris, on arrivera prochainement à la mise en exploitation du chemin de fer de Séville à Jerez.

198. Le 24, M. Bousson fait notifier, par notaire, à M. Dephieux la sommation suivante, datée du 17 : « Par mes lettres en dates des 30 septembre dernier et 17 cou-« rant, je vous ai prescrit d'urgence de donner plus d'impulsion aux travaux, et « d'augmenter le nombre des ouvriers sur différents chantiers qui sont presque « abandonnés sur les deux lignes. — Jusqu'à présent je n'ai pas vu que vous ayez « rempli mes prescriptions, et d'après la décision prise par le Conseil de la Compagnie, « le 15 courant, j'exige de nouveau de votre part l'engagement de donner aux travaux « toute l'activité nécessaire. A cet effet, vous aurez, dans le délai de quarante-huit « heures, à partir du moment de la notification de la présente lettre, le nombre de « 1,880 ouvriers, répartis de la manière suivante :

Ligne de Séville à Jerez.	
Au Porvenir...	100
Monte-Rey···· ········· ·· ·	70
Tabla-Dilla.	40
Sablière de Cuarto.	150
Relevage de la voie.	20
Fossés près Dos-Hermanas......	30
d° de la Pintada......... ..	60
Sablière, piquet 28, à Utrera.....	80
d° piquet 36 d°	40
Terrassements des marais entre las Cabezas et Lebrija..........	60
Nettoyer les tranchées de Socolin, Quincena et Caolina.	400
A reporter...	1,050

Report.	1,050
Répandage de ballast près Jerez..	40
Approvisionnement de ballast à Jerez..	120
Remblais de la station de Jerez...	80
Total de la ligne de Séville à Jerez	1,290
Ligne de Puerto-Real à Cadix.	
Assainissement des bâtiments de Puerto-Real.............. .	30
Aqueducs des salines......... .	20
Fondation du pont de Santi-Petri.	50
d° de Boca de Labé et Aguila.	40
Mur de Cadix................	450
Total pour les deux lignes....	1,880

« Lequel nombre de 1,880 ouvriers sera réparti de la manière la plus utile sur « les chantiers que je viens de vous désigner, avec un nombre correspondant « de chars, bêtes, etc., pour assurer une bonne organisation dans chaque chan-« tier. Si vous ne vous conformez pas à cette dernière invitation dans le délai « précité de quarante-huit heures, je continuerai les travaux pour le compte de la « Compagnie, et alors vous désignerez une personne de votre confiance qui intervien-« dra dans le règlement de vos comptes avec la Compagnie pour les effets ultérieurs. « Et dans le cas où vous vous refuseriez aussi à cette invitation, j'aurai recours au « tribunal compétent pour la nomination d'office de la personne ou des personnes qui « interviendront dans ces opérations. »

199. Le 25, M. Bousson adresse à M. Dephieux la lettre suivante : « J'ai l'honneur de « vous informer que les décisions prises par le Conseil d'administration, les 15 courant et « jours suivants, n'ont point eu pour résultat de confirmer l'intention qui avait été « annoncée, de vous ouvrir à Séville un crédit de 200,000 fr. Vous avez sans doute, « ainsi que je vous ai dit de le faire, demandé à M. le directeur gérant de vous ouvrir « directement un crédit, parce que seul il pouvait le faire, de même que dans les cas « précédents. Dans le cas où vous n'auriez pas reçu de réponse affirmative, je dois vous « informer que, d'après les instructions formelles du Conseil d'administration, il ne « me sera pas possible de mettre aucune somme à votre disposition. »

200. Le 26, M. Dephieux écrit à M. Bousson ce qui suit : « J'ai l'honneur de ré-« pondre à votre lettre datée du 17 courant, qui m'a été notifiée par *escribano*, le 24, à « sept heures du soir. — Je ne puis accéder d'aucune manière à la mise en demeure « que vous m'avez fait notifier. Je proteste contre l'intervention illégale de la Com-« pagnie dans la distribution et l'organisation des ateliers de l'Entreprise, et qui va

« jusqu'à me prescrire de travailler sur des terrains qui ne sont pas encore expropriés.
« — Je proteste aussi contres toutes les menaces et actes de violence employés par la
« Compagnie envers l'Entreprise, et reste d'une manière absolue dans l'esprit du con-
« trat intervenu entre M. de Kervéguen et la Compagnie, aux termes duquel les deux
« voies ferrées de Séville à Jerez et de Puerto-Real à Cadix doivent être livrées à l'ex-
« ploitation, sous certaines conditions restrictives, le 1er janvier 1860. — Vous savez
« que les obstacles sans nombre, volontaires ou involontaires, émanant de la Compa-
« gnie, ont toujours contrarié la bonne marche des travaux. Aujourd'hui encore les
« expropriations ne sont pas terminées sur divers points, soit sur l'assiette des chemins,
« soit pour les carrières à ballast, et si l'Entreprise ne fût pas intervenue, au détriment
« de ses intérêts, dans l'achat des terrains de Monte-Rey et de la sablière de Séville,
« après quatorze mois d'attente ces travaux seraient encore paralysés et peut-être à
« recommencer. Il est facile de prouver l'apathie ou la mauvaise volonté de la Com-
« pagnie dans les expropriations des terrains qui auraient dû être remis à l'Entreprise
« depuis longtemps. — Je n'entrerai pas, Monsieur le Directeur, dans des détails qui
« se rattachent aux mesures illégales, arbitraires et intempestives, au moyen desquelles
« la Compagnie abuse de l'Entreprise depuis longtemps ; je me borne à protester for-
« mellement contre tous les actes de la Compagnie en dehors de sa compétence, en
« attendant que les tribunaux statuent sur le droit qui assiste chacun de nous dans
« cette affaire. »

201. Le même jour, M. Dephieux répond à la lettre de M. Bousson du 25 qu'il a reçue aujourd'hui 26, et relative à la non-continuation du crédit de 200,000 fr. — Il
regrette que cette décision lui soit notifiée si tardivement, alors surtout que le crédit
d'octobre a été employé largement sur la foi qu'on avait dans la lettre de M. Bousson
du 17, annonçant la continuation dudit crédit. Cette contre-décision si brusque et si
inattendue compromet gravement les intérêts de la Compagnie tout aussi bien que ceux
de l'Entreprise, puisque celle-ci se voit obligée de réduire provisoirement ses chantiers. M. de Kervéguen comptant sur le crédit qu'on avait annoncé, a fait savoir qu'il
remettrait une somme de 100,000 fr. pour suppléer aux dépenses du mois de novembre. Maintenant, pour maintenir les chantiers sur le pied actuel et se conformer
à la notification faite le 24 par M. Bousson, il faudra 300,000 fr. au lieu de 100,000 fr.
Pour prévenir M. de Kervéguen, et pour qu'il puisse se procurer cette somme, un certain délai est nécessaire. En conséquence, ajoute M. Dephieux, ne soyez pas surpris,
Monsieur le Directeur, que je réduise considérablement le nombre de travailleurs et
veuillez prévenir le Conseil d'administration que cette mesure provisoire est provoquée
par la décision tardive que vous me communiquez, et que l'Entreprise fait toutes réserves de fait et de droit pour les conséquences fâcheuses qui peuvent résulter de la
suppresssion d'un crédit que vous m'aviez annoncé vous-même, et que je croyais
assuré.

202. Le même jour encore, **M.** Bousson écrit à M. Dephieux ce qui suit :

« J'ai reçu, par l'intermédiaire de l'escribano sieur de Pardillo, votre lettre d'aujour-
« d'hui, en réponse à la mienne du 17 qui vous a été notifiée par le même escribano
« le 24 de ce mois.

« Je ne puis voir dans votre lettre qu'un refus très-formel et très-positif d'obéir aux
« ordres précis que contenait ma lettre du 17, et de faire ce qu'elle vous prescrivait
« pour donner aux travaux l'activité voulue.

« Loin de vous prêter à ces ordres dont l'unique objet, en dehors de la satisfaction à
« donner au public, était l'accomplissement des obligations contenues dans le contrat
« que vous invoquez, et auxquelles vous deviez vous conformer, tant dans l'intérêt de la
« Compagnie que dans celui de l'entreprise, vous réduisez chaque jour, de manière à
« inspirer des craintes, le nombre de vos ouvriers ; et cela lorsque le nombre que je vous
« imposais par ma lettre, et que vous refusez d'employer, serait à peine suffisant pour
« terminer, dans le délai fixé par le contrat, les travaux commencés dont l'achèvement
« vous était demandé pour la dernière fois.

« En conséquence, prenant votre lettre d'aujourd'hui pour un refus absolu et irré-
« vocable d'exécuter mes ordres et vos obligations, je viens vous notifier d'une manière
« très-formelle et irrémissible, qu'à partir de vendredi prochain, 28 courant, les tra-
« vaux se continueront par voie administrative et pour le compte de l'Entreprise. Vous
« aurez, dans le délai de vingt-quatre heures à partir de la présente notification, à
« nommer des personnes de votre confiance pour représenter l'Entreprise et intervenir
« dans la conduite et règlements administratifs des travaux exécutés et à exécuter, ainsi
« que pour faire la remise et dresser l'inventaire des outils et ustensiles y affectés. Dans
« le cas où vous ne nommeriez pas, dans le délai indiqué, les personnes qui devront
« vous représenter, et dont il en faut une au moins dans chaque section, je vous pré-
« viens de nouveau que je m'adresserai aux autorités compétentes pour que cette no-
« mination soit faite d'office.

« Je termine en faisant toutes réserves que de droit sur les pertes et préjudices de
« toute sorte résultant des entraves et retards qui, faute par l'Entreprise de remplir ses
« obligations, et par suite de la mauvaise exécution des travaux, ont pu et pourront
« être occasionnés à la Compagnie. »

203. Le 27, M. L. Guilhou, de Madrid, écrit à M. Dephieux que le Conseil d'administration de la Compagnie a eu connaissance de la lettre et de la dépêche télégraphique
qu'il lui a adressées le 17 courant, ainsi que des lettres qu'il a échangées avec M. Bousson ; qu'en vue de ces pièces, et considérant que les indications données par M. Bousson
au sujet de l'avance de fonds dépendent d'une interprétation erronée de la correspondance du gérant, le Conseil a confirmé et ratifié sa décision antérieure, c'est-à-dire
qu'à partir du 1er novembre prochain, les avances de fonds que la Compagnie a vo-
lontairement faites à l'entrepreneur seront supprimées, et que ce dernier devra se procurer les moyens de remplir les engagements pris vis-à-vis de la Compagnie.

204. Le 30, M. Bousson adresse à M. Dephieux la lettre suivante : « Je viens vous
« informer que j'ai reçu de la Compagnie une dépêche à la date d'hier, qui me prescrit
« de continuer, avec votre personnel et votre intervention, mais en faisant moi-même
« tous les paiements, et d'activer par tous les moyens possibles l'exécution des travaux
« nécessaires à l'ouverture de la ligne. — Je vous invite, en conséquence, à prendre
« vos mesures pour faire vous-même les paiements de vos travaux jusqu'au 31 de ce
« mois, et à régler la situation à cette date, de manière que le paiement des travaux
« par les agents de la Compagnie n'ait lieu que pour ceux qui seront exécutés à partir
« du 1ᵉʳ novembre. — Veuillez, en conséquence, faire part de cette nouvelle situation
« à tous vos agents, et, sans perdre un seul instant, leur renouveler d'une manière
« précise toutes les instructions que vous avez reçues et dû leur transmettre déjà pour
« activer les travaux de parachèvement des terrassements qui vous ont été prescrits en
« détail, et ceux relatifs au ballastage de la ligne de Séville à Jerez. Les travaux du
« mur de Cadix et des ponts sur les caños devront également être repris avec activité,
« suivant les ordres donnés. — Veuillez m'accuser réception de la présente. »

205. Le même jour, M. Bousson écrit à M. Dephieux de s'entendre avec M. Lacaze
pour opérer le déplacement de vingt waggons qui sont indispensables pour les travaux
de ballast de la ligne de Séville à Jerez.

206. Le 31, M. Bousson écrit encore à M. Dephieux ce qui suit : « J'ai l'honneur
« de vous informer que je viens de recevoir du Conseil d'administration de la Compa-
« gnie des instructions développant celles contenues dans sa dépêche du 29 courant
« dont je vous ai donné connaissance. Le Conseil m'ordonne de prendre toutes les me-
« sures nécessaires pour que les travaux ne souffrent pas un seul moment d'interrup-
« tion, et soient au contraire activés de manière à ouvrir l'exploitation dans le plus
« bref délai. Le Conseil veut que la transition des travaux, des mains de l'Entreprise à
« celles de la Compagnie, n'occasionne aucun retard. Il n'entend pas traiter en ce moment
« la question de la résiliation du traité Kervéguen, mais simplement suppléer à l'inertie et
« à la lenteur que son représentant apporte à l'exécution des travaux. Le Conseil a décidé,
« que je garantirai à vos sous-traitants, quelle que soit la nature de leurs travaux, l'exé-
« cution rigoureuse par la Compagnie de tous les engagements pris à leur égard, et
« que je suivrai la marche régulière et ordinaire de tous les chantiers. — En consé-
« quence de ces ordres, j'ai l'honneur de vous informer qu'à dater du 1ᵉʳ novembre je
« reprends la haute direction de tous les travaux, et que seulement mes ordres, trans-
« mis directement à tous les employés, recevront exécution. Je vous confirme donc
« d'avoir à régler tous vos comptes avec vos ouvriers et tâcherons, comme avec votre
« personnel, jusqu'au 31 octobre, attendu qu'à partir du 1ᵉʳ novembre les paiements
« de la continuation des travaux seront faits directement par la Compagnie. Confor-
« mément aux sommations, vous pourrez suivre vous-même, ou par un délégué, toutes
« les opérations que je vais faire exécuter pour l'achèvement des travaux dont vous

« étiez chargé, et pour dresser l'inventaire du matériel de toute sorte appartenant à la
« Compagnie ou à l'Entreprise, et qui va continuer à être employé aux travaux. »

207. Le même jour, M. Bousson invite par lettre M. Dephieux à se rendre à Séville
dans le plus bref délai possible, et à prendre ses dispositions pour y passer quelque temps,
afin de s'entendre immédiatement sur toutes les mesures nécessaires pour assurer la
marche rapide des travaux d'achèvement de la ligne. Les lenteurs de la correspondance, dit-il, sont préjudiciables dans les circonstances actuelles.

208. Le même jour encore, M. Periès, chef de section de l'Entreprise à Cadix, fait
notifier par notaire la protestation suivante : « A Cadix, le 31 octobre, à 8 heures du
« matin, devant moi notaire de la guerre et de l'étranger, et les témoins ci-après dé-
« nommés, est comparu le sieur Joseph Periès, français, que j'atteste connaître, et a
« dit : Qu'étant chargé par l'Entreprise du chemin de fer de Cadix à Puerto-Real, de la
« direction des travaux, il a été surpris en apprenant, ce matin même, sans avoir reçu
« au préalable aucune notification légale, que le sieur Paul Lacaze, ingénieur principal
« de la Compagnie concessionnaire, s'est présenté dans les ateliers de la Punta de la
« Vaca, et a invité formellement les employés occupés sur ce point à ne reconnaître,
« dorénavant, d'autres chefs que ceux de la Compagnie concessionnaire, en les avertis-
« sant en même temps que les travaux allaient être continués dès aujourd'hui pour le
« compte de la Compagnie; qu'ensuite il a disposé des ouvriers occupés à draguer, en
« leur donnant des tâches à remplir et en leur promettant une gratification, sans avoir
« égard ni communiquer quoi que ce soit aux représentants de l'Entreprise placés sous
« la direction du comparant; que, cela fait, le même sieur Lacaze s'est rendu sur les
« chantiers de terrassements, et a ordonné d'arrêter la locomotive qui allait à la dé-
« charge ; et que le mécanicien s'étant refusé d'obéir à cet ordre a été invité, à son re-
« tour à la charge, par ledit sieur Lacaze, à abandonner les travaux auxquels il était
« occupé pour l'Entreprise, à se mettre à sa disposition, et à le conduire avec la locomo-
« tive à San-Fernando ; le sieur Victor Dephieux, chargé de la traction, qui se trouvait
« sur la machine, s'est refusé, comme il le fallait, d'obtempérer à cet ordre éminemment
« préjudiciable aux intérêts de l'Entreprise, et a résisté aux actes de violence exercés,
« d'après l'ordre du sieur Lacaze, par les gardes de la voie ; néanmoins ces gardes ont
« contraint par la force l'employé de l'Entreprise à descendre de la machine, et l'ont
« conduit jusqu'à la porte d'entrée des ateliers, en lui défendant d'y revenir, ce qui
« était déjà arrivé dans une autre occasion ; de sorte que ledit sieur Lacaze, par lui-
« même et de sa propre autorité, sans l'autorisation expresse du comparant, a pris
« possession des travaux, se mettant à leur tête avec les employés de la voie, auxquels il
« a signifié que les ateliers seraient dirigés par lui pour le compte de la Compagnie;
« par suite de ces faits, cinquante ouvriers occupés à cet atelier sont restés sans travailler
« jusqu'au retour de la locomotive. Pour la constatation de ce qui vient d'être relaté,
« le comparant, M. Joseph Periès, m'a invité à l'accompagner à la Punta de la Vaca,
« où il a fait comparaître devant moi les sieurs Eugène Perret, Santiago Geneste et
« Claude Magaud, qui ont déclaré se nommer ainsi et être : le premier chargé des

« travaux de maçonnerie, le second des dragages, et le troisième de la charge des
« waggons ; lesquels interrogés par moi, notaire, sur les faits exposés par le comparant,
« ont déclaré que c'était exactement ce qui avait eu lieu ce matin. En conséquence, le
« sieur Joseph Periès, devant moi et les témoins du présent acte, a dit : qu'il a protesté
« et proteste solennellement contre les actes de violence du sieur Paul Lacaze, en son
« nom et au nom de l'Entreprise, se réservant ses droits pour exiger des dommages et
« intérêts contre qui de droit et devant les autorités compétentes. Ainsi je le dis et signe
« dans mon registre des écritures publiques, etc., etc.

209. Des protestations analogues ont été également faites par notaires, à la requête
des différents chefs de section de l'Entreprise, sous les dates des 2, 3, 4 et 14 novembre,
à Jerez, Lebrija, Utrera et Séville, pour des faits de même nature qui se sont produits
au moment où la Compagnie s'est emparée violemment des ateliers de l'entrepreneur.

MOIS DE NOVEMBRE 1859.

210. Le 1ᵉʳ novembre, M. Lacaze adresse à M. Dephieux une lettre de la teneur
suivante : « Conformément à l'avis qui vous a été donné par ma lettre n° 562, à la
« date du 30 octobre dernier, il a été pris hier, dès huit heures du matin, possession
« par la Compagnie des travaux de Puerto-Real à Cadix. J'ai eu le regret de voir que
« vous n'avez pas assisté à cette prise de possession, et que vous ne vous y êtes pas fait
« représenter. A la Punta de la Vaca, l'employé chargé par vous des terrassements,
« méconnaissant d'une manière grave mon autorité, a empêché par la force le mécani-
« cien d'arrêter sa locomotive et d'exécuter mes ordres. J'ai dû, bien que cet employé
« fût votre frère, le faire sortir par le moyen de mes gardes, de la locomotive qu'il
« avait la prétention de conduire par lui-même comme chose propre, et comme étant
« chez lui. Après ma sortie de la Punta de la Vaca, le mécanicien Cardinal, employé à
« la conduite de la machine qui travaille aux terrassements, et que, après le scandale
« provoqué par votre frère, j'avais chargé de l'exécution de mes ordres, a été remplacé
« par ordre de M. Perret, votre représentant à la Punta de la Vaca, par M. Moulins,
« autre de vos mécaniciens, lequel s'est établi et maintenu sur la locomotive par force
« et presque avec violence. Mon intention n'est pas de faire châtier, conformément à la
« loi, M. Perret et M. Moulins qui ont disposé par la force, et contre les représentations
« de mes agents, du matériel et de la propriété de la Compagnie. Je me borne à vous
« signifier que M. Perret est suspendu de toute autorité, et jusqu'à nouvel ordre, dans
« les ateliers de la Compagnie, et que M. Moulins, jusqu'à nouvel ordre également, est
« suspendu de ses fonctions de mécanicien. — Il est bon que vous fassiez savoir à votre
« personnel qu'à côté du devoir dont vous les avez sans doute chargés, et qui consiste
« et ne peut consister qu'à protester formellement contre les mesures prises par la Compa-
« gnie, il y a pour eux un devoir plus absolu encore, qui consiste à respecter les ordres
« donnés par la Compagnie. Je n'ai pas besoin de vous faire observer que si l'on voulait,
« comme on a paru le faire en quelques endroits, repousser l'exercice de notre autorité par

« la force ou par les armes, je serais obligé, à mon grand regret (et je vous préviens que
« j'en ai le pouvoir comme le droit), je serais obligé, dis-je, de faire intervenir l'autorité
« et la justice, dont le concours ne saurait être douteux à l'égard d'une Compagnie qui
« veut maintenir son droit et son devoir de travailler, par les moyens qu'elle juge con-
« venables, à la conclusion de son chemin de fer. — Veuillez notifier à MM. Perret et
« Moulins la décision qui les concerne. Je vous rends responsable de ce que ces agents
« pourront faire en contravention à mes défenses. »

211. Le 2, M. Dephieux répond à la lettre de M. Bousson du 31 octobre, concernant
la dépossession de l'Entreprise, laquelle ne lui est parvenue que ce matin 2 novembre.
Après avoir rappelé les termes de cette lettre, M. Dephieux ajoute : « J'ai l'honneur de
« vous renouveler que je proteste de la manière la plus formelle contre l'acte illégal et
« sans fondement de la prise de possession par la Compagnie des travaux de l'Entreprise
« Kervéguen, que je suis chargé de faire éxécuter. — Je proteste de la manière la plus
« énergique contre toutes les mesures et tous les actes portant atteinte au contrat inter-
« venu entre M. de Kervéguen et la Compagnie le 10 juillet 1858. — Je proteste contre
« les violences et actes illégaux exercés au nom de la Compagnie par son représentant
« M. Lacaze, ingénieur principal à Cadix, dans la prise de possession des chantiers et
« matériel de l'Entreprise, effectuée lundi 31 octobre dernier, et fais toutes réserves de
« droit, en dommages et intérêts, pour ces faits brutaux et illégaux accomplis, ainsi
« que pour les cubes, quantités et travaux de toute nature qui n'ont été jusqu'ici réglés
« que provisoirement. — Je proteste contre l'assertion d'inertie dans l'exécution des
« travaux énoncés par votre lettre précitée, et je déclare que les travaux ont été poussés
« avec toute l'activité qu'ont permise les documents et instructions qui ont été fournis
« par la Compagnie à l'entrepreneur. Il est évident que les travaux devraient être
« terminés aujourd'hui, et les deux lignes en état d'être livrées à l'exploitation, si
« la Compagnie n'avait apporté aucune entrave dans leur exécution ; car ce n'est pas
« la faute de l'Entreprise si les terrains sur lesquels doit être pris le ballast ont été si tar-
« divement livrés à l'entrepreneur. Ce n'est pas non plus la faute de l'Entreprise si les
« terrains nécessaires pour l'assiette de la ligne ont été, sur divers points, livrés aussi
« tardivement à l'entrepreneur, et si ceux aux abords de Séville, à Cadix et à
« San-Fernando, ne sont pas encore achetés par la Compagnie et livrés à l'entre-
« preneur. Ce n'est pas la faute de l'Entreprise si le matériel de la voie a manqué
« et manque encore. Je fais toutes réserves de droit sur ces points et autres que
« je me réserve de développer plus tard. — Je proteste contre l'intervention de la
« Compagnie dans les payements des dépenses à faire pour l'achèvement des travaux.
« L'Entreprise a toujours rigoureusement rempli ses engagements, a toujours payé avec
« exactitude, et rien ne peut motiver le droit d'intervention de la Compagnie dans le
« payement des dépenses ultérieures à faire. — Je proteste au nom de M. de Kervéguen,
« contre la prise de possession par la Compagnie des travaux de l'Entreprise, et si la
« Compagnie a à se plaindre de la marche des travaux et du mode de leur exécution,
« elle doit s'adresser à M. de Kervéguen, à Paris, aux termes du contrat la juridiction

« espagnole étant incompétente ; et, dans le cas où la Compagnie passerait outre,
« qu'elle s'emparerait des travaux et du matériel de l'Entreprise, je fais, au nom de
« M. de Kervéguen, entrepreneur incommutable, toutes réserves de droit devant les
« tribunaux compétents. »

212. Le 4, M. Bousson répond à M. Dephieux ce qui suit : « Par votre lettre du
« 2 courant, répondant à la mienne du 31 octobre dernier, vous faites vos réserves et
« protestations contre la nouvelle prise de possession des travaux par la Compagnie, et
« contre la prétendue violation du contrat Kervéguen. Je ne puis pas laisser sans ré -
« ponse les protestations que vous basez sur l'existence d'un contrat que vous avez
« résilié en suspendant, pendant plusieurs mois, les travaux de construction et l'exécu-
« tion de toutes les clauses que renferme ce même contrat.

« La Compagnie considère que vous-même avez reconnu et confessé cette résiliation
« forcée du contrat, quand, à l'époque de la suspension des travaux, en juin dernier,
« et de leur prise de possession par la Compagnie, vous demandâtes avec beaucoup
« d'instance quelques jours de délai pour aller à Paris, afin d'obtenir de M. de Kervé-
« guen, dont vous êtes le représentant, les fonds indispensables à l'exécution de vos
« obligations; mais étant revenu sans avoir obtenu aucun résultat, et vous trouvant
« dans l'impossibilité matérielle et absolue de remplir les engagements contractés en-
« vers la Compagnie, vous sollicitâtes, au nom de M. de Kervéguen, près de M. le
« gérant de la Compagnie, qui était alors investi de toute l'autorité du Conseil, que l'on
« vous fît des avances de fonds, jusqu'à ce que la position désespérée où se trouvait et
« se trouve encore l'Entreprise se fût améliorée.

« M. le gérant faisant alors, parce qu'il ne pouvait faire autrement, abstraction du
« contrat, et guidé seulement par le désir d'accélérer les travaux, consentit à votre
« demande, mais sans la moindre promesse qui pût vous donner le droit à exiger des
« fonds, et à la condition expresse que ces fonds seraient appliqués exclusivement à
« l'exécution des travaux reconnus indispensables pour activer l'exploitation du chemin
« de fer de Séville à Jerez.

« En présence de ces faits, il est clair que vous ne pouvez aucunement invoquer les
« clauses d'un contrat en dehors duquel vous vous êtes placé et maintenu volontaire-
« ment depuis cinq mois. Il est clair aussi que vous ne deviez pas diminuer les travaux
« ni ralentir leur marche d'une façon qui équivaut à une suspension, et que vous
« deviez exécuter rigoureusement les ordres précis contenus dans ma lettre du 17 oc-
« tobre qui vous a été notifiée par notaire le 24.

« Après vous être refusé formellement de vous conformer aux ordres précités, la
« Compagnie ayant épuisé tous les moyens qu'elle pouvait employer afin de vous obli-
« ger à faire le nécessaire pour remplir vos engagements, devait se charger de nouveau
« de la continuation des travaux.

« La prise de possession desdits travaux par la Compagnie est donc justifiée de toute
« manière : par le droit qui naît de l'impossibilité bien établie où vous vous êtes trouvé
« de faire face à vos obligations ; par la résiliation de fait de votre contrat ; et aussi par

« l'impérieuse nécessité qui oblige la Compagnie à remplir ses engagements envers le
« gouvernement.

« Je termine donc en faisant de nouveau, au nom de la Compagnie, et d'une manière
« très-formelle et explicite, contre M. de Kervéguen, toutes réserves de droit pour tous
« les dommages et préjudices que lui a causés et lui causera l'inexécution des clauses de
« son contrat. »

Après sa dépossession, l'Entreprise rédigea, section par section, le décompte provisoire des travaux qu'elle avait exécutés, et l'adressa, le 18 novembre, à la Direction, à Séville, avec prière de le faire vérifier.

Le 2 décembre suivant, M. Dephieux, n'ayant pas reçu de réponse à cette lettre, pria M. Bousson de faire mandater à M. de Kervéguen le montant dudit décompte provisoire.

M. Bousson répondit, le 3, que les situations n'ayant pas été dressées contradictoirement entre les agents de la Compagnie et ceux de l'Entreprise, il ne pouvait donner suite à la demande de l'entrepreneur.

M. Dephieux répliqua à M. Bousson, le 7 du même mois, que si les situations n'avaient pas été dressées contradictoirement, c'était parce que les agents de la Compagnie s'y étaient refusés, en disant que leurs occupations ne leur permettaient pas de s'en occuper pour le moment. Il ajoutait : « Vous-même, Monsieur le Directeur, avez dit
« à votre chef de section à Jerez, que rien ne pressait et que l'Entreprise avait le temps
« d'attendre. » Enfin, il faisait observer qu'on était au 7 décembre, qu'il était temps de s'occuper de l'Entreprise et de faire mandater à M. de Kervéguen le montant du décompte provisoire ; que pour l'arriéré M. de Kervéguen attendrait ; que d'ailleurs la vérification de ces dernières situations était aussi facile que celle des précédentes, puisqu'on avait suivi la même marche que pour le passé.

Cette lettre est demeurée sans réponse.

Sur ces entrefaites, l'entrepreneur voyant que la Compagnie ne prenait aucune mesure pour constater l'état des travaux dont elle avait pris possession, afin que l'on pût distinguer ceux exécutés par l'Entreprise de ceux qui se faisaient par la Compagnie et qui altéraient l'état des lieux, s'adressa au tribunal de Séville pour obtenir la nomination d'experts chargés de faire cette constatation.

Le tribunal de Séville, faisant droit à cette demande, nomma des experts et ordonna que la Compagnie désignât le sien, mais celle-ci s'y refusa.

D'autre part, M. de Kervéguen assigna, le 21 novembre 1859, la Compagnie par devant le tribunal de commerce de la Seine, en dommages-intérêts pour la violation de son contrat ; et le tribunal, par jugement du 18 juin 1860, avant de statuer, renvoya l'affaire devant M. Lemoine, arbitre rapporteur.

Paris. — Imp. Bailly, Divry et Cᵉ, rue Notre-Dame des Champs, 49.

9 782014 052312